FORSCHUNGSBERICHTE
DES WIRTSCHAFTS- UND VERKEHRSMINISTERIUMS
NORDRHEIN-WESTFALEN

Herausgegeben von Staatssekretär Prof. Leo Brandt

Nr. 183

Dr. phil., rer. nat. W. Bornheim

Entwicklungsarbeiten an Flaschen- und Ampullen-Behandlungsmaschinen für die pharmazeutische Industrie

im Auftrage
der Maschinenfabrik H. Strunck & Co., Köln-Ehrenfeld

Als Manuskript gedruckt

WESTDEUTSCHER VERLAG / KÖLN UND OPLADEN
1956

ISBN 978-3-663-03625-8 ISBN 978-3-663-04814-5 (eBook)
DOI 10.1007/978-3-663-04814-5

Forschungsberichte des Wirtschafts- und Verkehrsministeriums Nordrhein-Westfalen

Gliederung

I. Entwicklung einer Reinigungsmaschine für Ampullen und
   Antibiotica-Gläser, Type RSV .... S. 5

   1. Bisheriges Aggregat für Handbedienung, Type RS1N ...... S. 5

      Beschreibung .... S. 5
      Zusammenfassung .... S. 8

   2. Neuentwickelter Apparat mit automatischem Ablauf des
      kombinierten Reinigungs-Vorgangs, Type RSV .... S. 9

      Beschreibung .... S. 9
      Zusammenfassung .... S. 12

II. Entwicklung einer rotierenden Flaschenreinigungsmaschine
    RS 48 und RS 80 .... S. 13

   1. Bisherige einfache Ausführung .... S. 14

      Beschreibung .... S. 14
      Zusammenfassung .... S. 16

   2. Neuentwickelte Ausführung mit unterteilter Wanne, Umpump-
      stationen und verbessertem Verteiler-Spiegel zur wieder-
      holten Verwendung von Reinigungs-Medien .... S. 16

      Beschreibung .... S. 16
      Zusammenfassung .... S. 16

III. Entwicklung einer Vakuum-Füllmaschine in linearer Form,
     Type FV 3 und FV 10 .... S. 18

   1. Vakuum-Füllmaschine für Flaschen mit weiter Öffnung ... S. 20

      Beschreibung .... S. 20
      Zusammenfassung .... S. 21

   2. Vakuum-Füllmaschine für Flaschen mit enger Mündung .... S. 22

      Beschreibung .... S. 22
      Zusammenfassung .... S. 25

IV. Entwicklung einer Ampullen-Bedruckmaschine, Type BA .... S. 25

V. Entwicklung einer Ampullen-Füll- und Schließmaschine,
   Type FMA .... S. 26

   1. Bisheriges Verfahren .... S. 28

      Zusammenfassung .... S. 28

   2. Ampullen-Füll- und Schließmaschine, Type FMA .... S. 29

      Beschreibung .... S. 29
      Zusammenfassung .... S. 32

VI. Entwicklung einer Reinigungsmaschine in linearer Anordnung
    mit Zu- und Abtransport für Antibiotica-Gläser . . . . S. 33

   Beschreibung der Fließband-Anlage zum Reinigen und
   Silikonisieren von Antibiotica-Gläser, Type RSL . . . . S. 33

   1. Bisherige Reinigungsmaschinen für kleine und mittlere
      Leistungen . . . . S. 36

   2. Lineare, vollautomatische Reinigungs-Anlage, Type RSL,
      für Antibiotica-Gläser, für große Leistungen . . . . S. 36

      Beschreibung . . . . S. 36
      Zusammenfassung . . . . S. 37

Forschungsberichte des Wirtschafts- und Verkehrsministeriums Nordrhein-Westfalen

I. Entwicklung einer Reinigungsmaschine für Ampullen und Antibiotica-Gläser Type RSV

Die von uns zunächst herausgebrachte Konstruktion einer Reinigungsmaschine für Ampullen und Antibiotica-Gläser Type RS1N ist ein von Hand zu bedienender Apparat, der eine einwandfreie Reinigung der Objekte gewährleistet.

Der Mangel dieses Apparates vom Rationalisierungsstandpunkt sowie in ärztlicher Schau besteht jedoch darin, daß es die Bedienungsperson in der Hand hat, die Behandlungszeiten mit den üblichen Medien: Frischwasser, Destiwasser und Druckluft selbst zu bestimmen. Unsere Entwicklungsarbeiten bezweckten die Konstruktion einer Maschine, bei der der Behandlungsablauf automatisch ist. Der Meister ist bei dieser Maschine in der Lage, an einer Lochscheibe die von ihm für notwendig gehaltene Behandlungsdauer mit den einzelnen Medien einzustellen. Die eingestellte Lochscheibe wird durch ein Glasfenster verschlossen, so daß ein unbefugtes Ändern der Behandlungszeiten ausgeschlossen ist.

Unsere Arbeiten führten zur Konstruktion der Ampullen-Reinigungsmaschine, Type RSV mit einer stündlichen Leistung von 3.000 Ampullen oder Gläsern bzw. einer solchen von 6.000 Objekten beim Doppelaggregat.

1. Bisheriges Aggregat für Handbedienung, Type RS1N

Beschreibung

Die zu reinigenden Ampullen und Gläser werden in exakt gearbeitete Aufnahmekästen (s. rechts auf Abb. 1) aus vernickeltem Messingblech oder nichtrostendem Stahl gesetzt, die normalerweise 1oo Objekte fassen. Der Aufnahmekasten besteht aus 2 gelochten Blechen Nr. 83 und aus 4 Füßen Nr. 84. Der mit Ampullen gefüllte Kasten wird mit seinen 4 Füßen in die 4 Büchsen Nr. 73 der Zentriervorrichtung Nr. 71 eingesetzt. Hierbei treten die mit den Mündungen nach unten in dem Aufnahmekasten Nr. 83 eingehängten Ampullen in die trichterförmigen Erweiterungen Nr. 72 der Zentriervorrichtung ein und richten sich genau nach den kleinen Bohrungen, in denen sich versenkt die Spritzdüsen Nr. 68 befinden, aus. Nun wird die federnde Zentrierplatte Nr. 71 mit ihren Zentrierungen Nr. 72 einschließlich der aufliegenden Ampullen-Aufnahmebleche Nr. 83 mittels der

Abbildung 1

Reinigungsmaschine für Handbetrieb, Type RS1N, zur Reinigung
von Ampullen und Antibiotica-Gläsern

seitlich angebrachten Handgriffe Nr. 74 nach unten gedrückt bzw. abgesenkt, bis der kleine, seitlich angebrachte Arretierhebel Nr. 80 selbsttätig einfällt und arretiert. Bei dieser Abwärtsbewegung treten zunächst die feststehenden Spritzdüsen Nr. 68 mit ihren freien Enden in die ausgerichteten Ampullen ein. Bei der weiteren Abwärtsbewegung der Zentrierplatte Nr. 71 setzen sich die Füße Nr. 84 der Ampullen-Aufnahmebleche auf Distanzbolzen Nr. 69 und begrenzen soweit die Abwärtsbewegung der Ampullen-Aufnahmebleche, daß die Spitzen der Spritzdüsen Nr. 68 etwas in die zylindrischen Ampullenkörper hineinragen und die Ampullenmündungen ein wenig aus den Konussen der Zentrierungen Nr. 72 herausragen. Nun wird der Beschwerungsdeckel Nr. 81 aufgesetzt, der ein Herausschleudern der Ampullen während des Reinigungsvorganges vermeidet.

Die Bedienungsperson schaltet jetzt den Handhebel Nr. 36 zunächst auf Frisch- bzw. Warmwasser. Dieses spritzt ein und stößt gegen den Boden der Ampullen, bespült die Wandteile und tritt schließlich nach heftiger Durchwirbelung des Ampullen-Innern an der Hohldüse Nr. 68 vorbei durch den Ampullenhals wieder aus. Anschließend erfolgt durch Weiterschalten des

Forschungsberichte des Wirtschafts- und Verkehrsministeriums Nordrhein-Westfalen

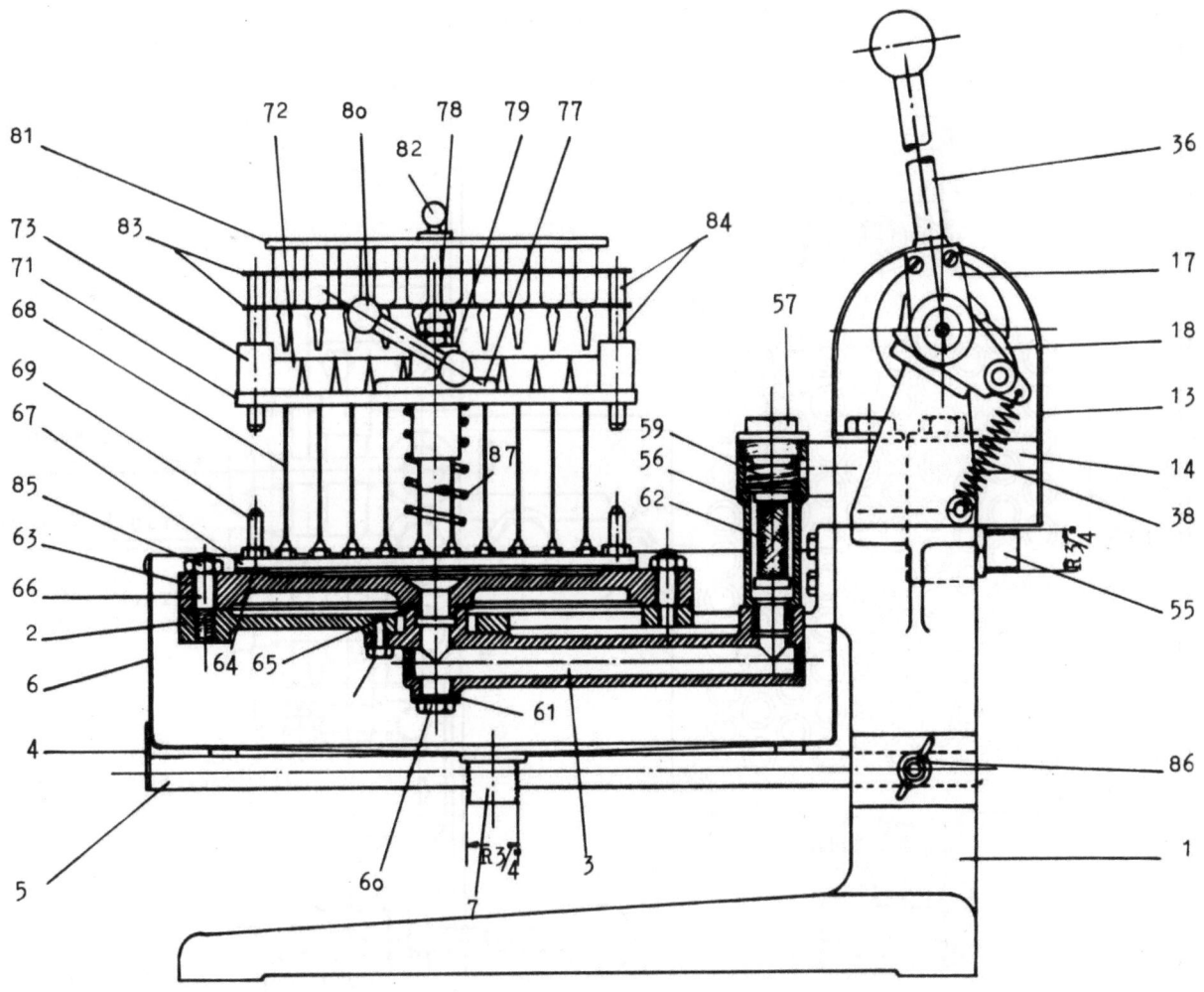

Abbildung 2
Reinigungsmaschine für Handbetrieb, Type RS1N

Handhebels Nr. 36 die Entleerung mittels Druckluft. Dieser Vorgang wiederholt sich bei den beiden nächsten Schaltungen. Zum Schluß der Reinigung erfolgt durch Weiterschalten ein Nachspülen mit destilliertem Wasser und anschließende Entleerung mittels Druckluft. Nach erfolgter Schaltung auf "Aus" wird zunächst der Beschwerungshebel Nr. 81 und dann der Aufnahmekasten Nr. 83 mit den gereinigten Ampullen abgehoben. Erst dann wird der seitlich angebrachte Arretierhebel Nr. 80 gelüftet, worauf die Zentrierplatte Nr. 71 infolge der rechts und links angebrachten Federn Nr. 87 hochsteigt und damit wieder in ihre Anfangsstellung zurückgebracht wird.

Abbildung 3 zeigt die Aufsicht auf die Zentriervorrichtung und das Schaltwerk mit seinen Anschlüssen an Frisch-Wasser, Druckluft und destilliertes Wasser.

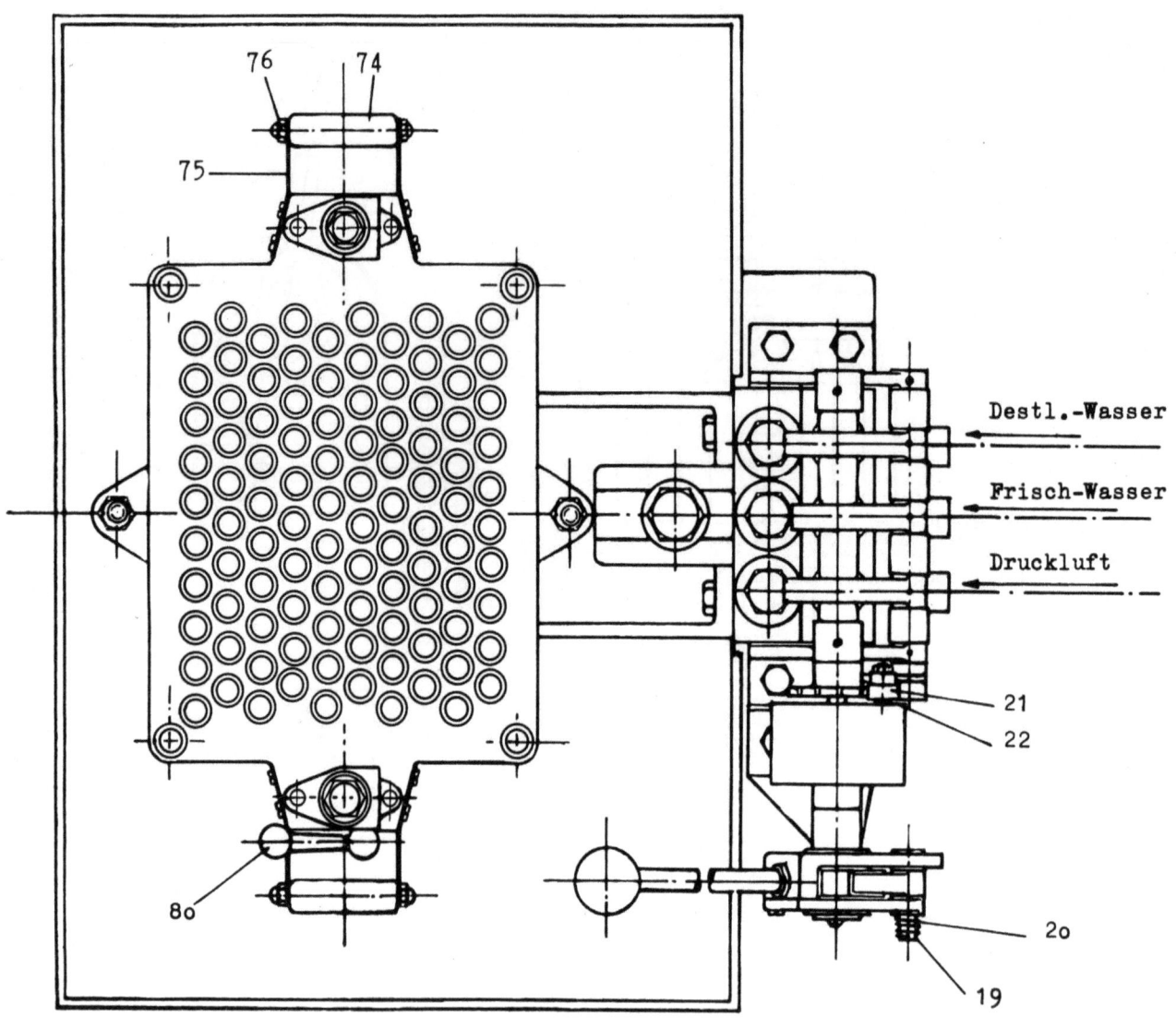

A b b i l d u n g 3
Reinigungsmaschine für Handbetrieb, Type RS1N

Zusammenfassung

Bei dieser Ausführung ist es dem Gutdünken der Bedienungsperson überlassen, die einzelnen Spritz- und Ausblasezeiten zu bestimmen. Eine einwandfreie Handhabung des Apparates hängt daher in weitgehendem Maße von dem Verantwortungsgefühl und den fachlichen Kenntnissen dieser Person ab, die durch kürzeres oder längeres Ziehen des Handhebels die einzelnen Zeiten so wählen muß, daß einerseits ein vollkommener Reinigungseffekt erreicht wird, andererseits eine größtmögliche stündliche Leistung erzielt wird.

Forschungsberichte des Wirtschafts- und Verkehrsministeriums Nordrhein-Westfalen

2. Neuentwickelter Apparat mit automatischem Ablauf des kombinierten Reinigungs-Vorganges, Type RSV

Beschreibung

Die Handhabung der in die Aufnahmekästen gesetzten Objekte erfolgt in gleicher Weise wie unter I, 1. beschrieben. An die Stelle der Handschaltung der einzelnen Spritz- und Ausblasphasen tritt jedoch der automatische Ablauf des kombinierten Reinigungs-Vorganges. Die Vorderseite des Apparates ist aus Abbildung 5 zu ersehen. Man sieht in der Mitte die Steuerscheibe mit ihren an der Peripherie befindlichen Gewindebohrungen und den eingesetzten Schaltstiften, oben die Anschlüsse für schwachsaures

A b b i l d u n g 4
Reinigungsmaschine für Ampullen und Antibiotica-Gläser, Type RSV,
stündliche Leistung 3.000 bzw. 6.000 Objekte

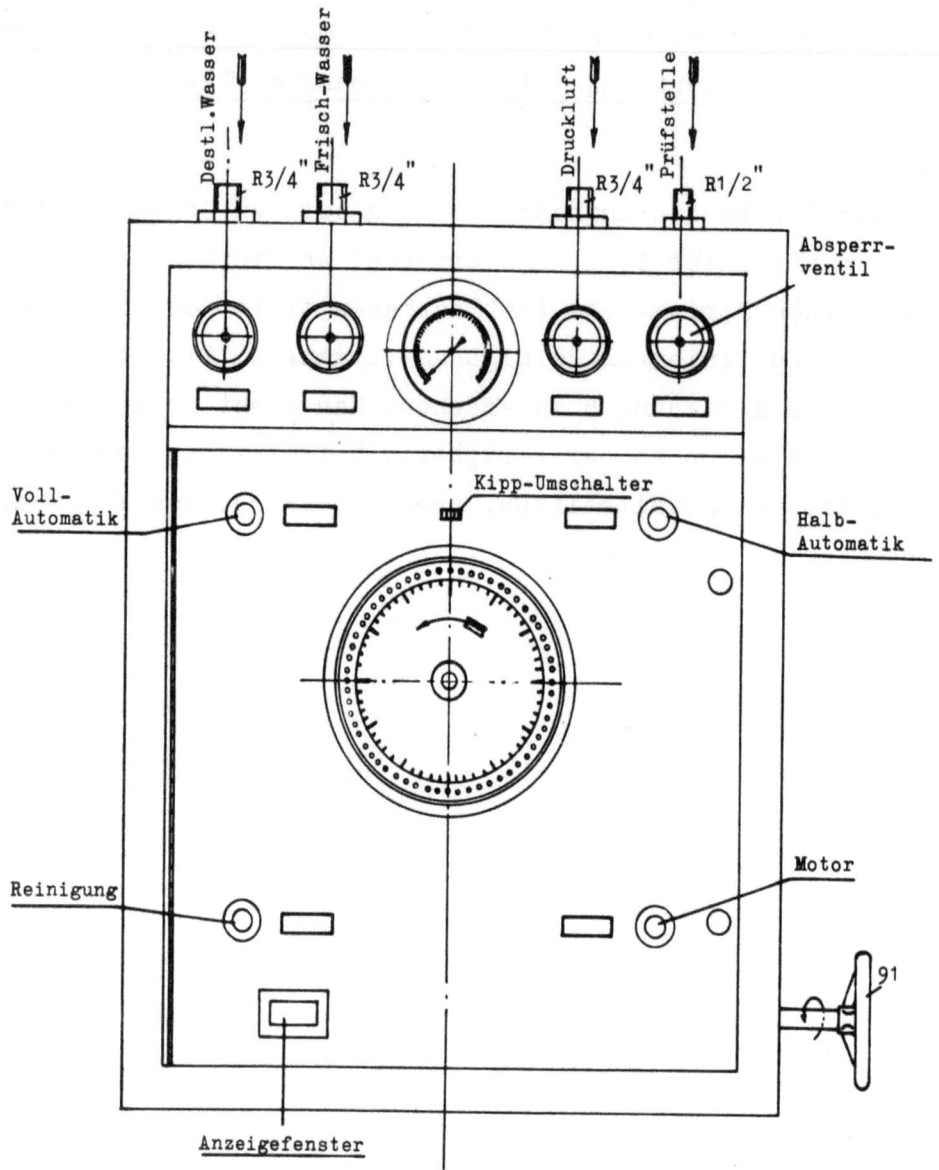

Abbildung 5

Vollautomatische Ampullen-Reinigungsmaschine, Type RSV1

Wasser, Frischwasser, destilliertes Wasser und Druckluft sowie die Schaltknöpfe für den Motor, die Reinigung, den voll- und halbautomatischen Betrieb und das Anzeigefenster, in dem die jeweilige Phase des Reinigungsvorganges erscheint.

Auf Abbildung 6 ist die Steuerscheibe Nr. 28 groß dargestellt. Die einzelnen Schaltimpulse werden von dieser Steuerscheibe gegeben. Dieselbe trägt auf ihrem Umfang 6o Gewindebohrungen, in denen sich verteilt 7 Schaltstifte Nr. 87 befinden. Die Steuerscheibe läuft im Sekundenschritt und macht pro Minute eine Umdrehung. Jede Teilung entspricht also

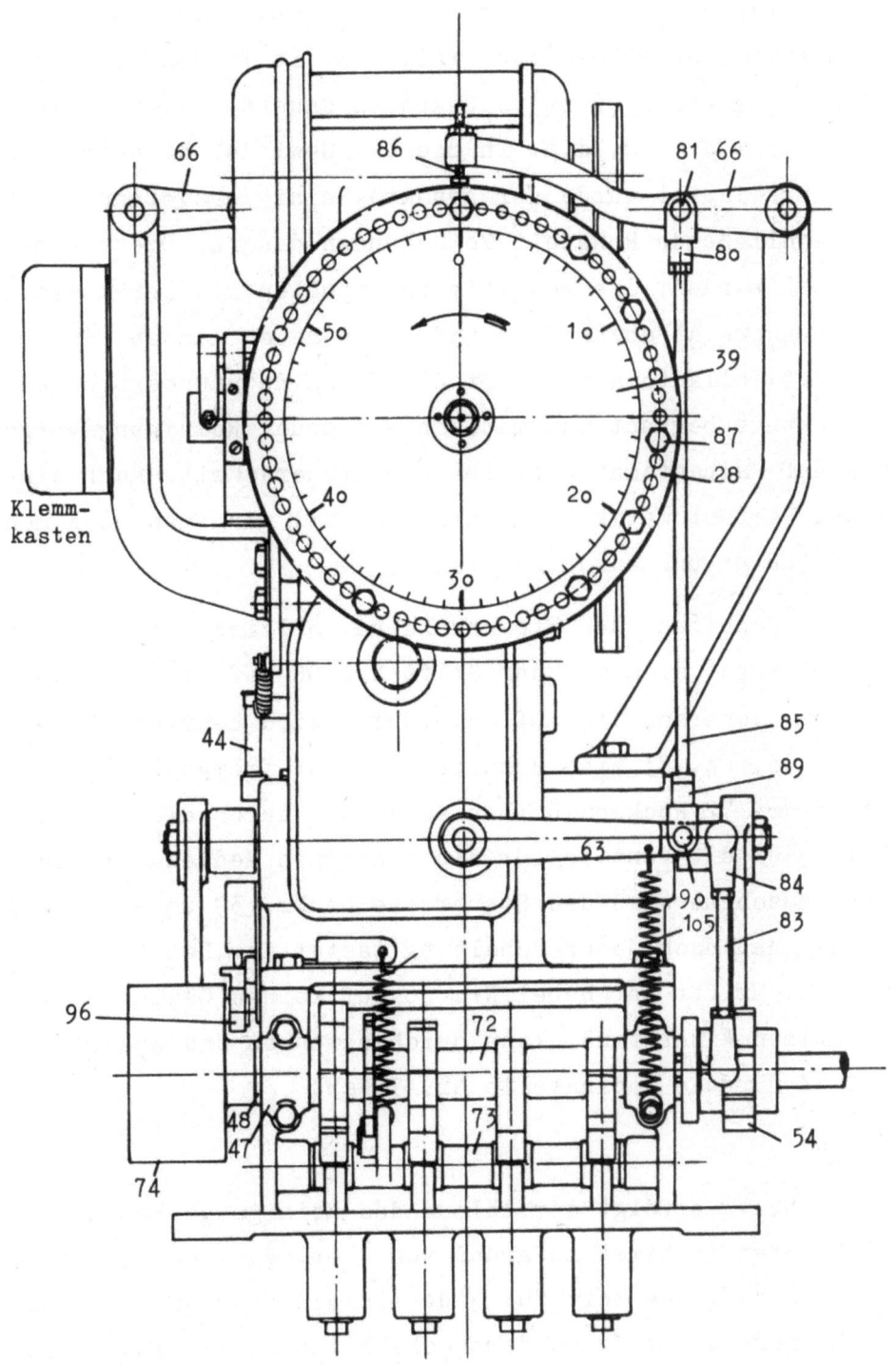

Abbildung 6

Vollautomatische Ampullen-Reinigungsmaschine, Type RSV1

einer Sekunde. Die Schaltstifte können den gewünschten Spritzzeiten entsprechend in die betreffenden Gewindelöcher eingeschraubt werden. Ein Schaltstift muß immer auf Null stehen.

Beispiel: Soll beispielsweise die erste Spritzphase (saures Wasser) 8 Sekunden dauern, so dreht man den zweiten Stift in das Gewindeloch 8 ein. Soll die zweite Phase (Luft) 4 Sekunden dauern, so dreht man den dritten Stift in 8 + 4 = 12, d.h. in die 12. Gewindebohrung ein usw. Bei dem vorgenannten Beispiel würde der gesamte Reinigungsvorgang 40 Sekunden und die anschließende Ruhezeit 20 Sekunden dauern. Diese Ruhezeit kann dazu benutzt werden, die gereinigten Ampullen mit ihrem Kasten von dem Spritzdüsen-Aggregat abzunehmen und einen neuen Kasten einzusetzen. Bei Schaltung auf Vollautomatik läuft die Maschine ununterbrochen weiter. Nach der 59. Sekunde beginnt automatisch ein neuer Reinigungsvorgang. Bei Schaltung auf Halbautomatik bleibt die Steuerscheibe nach einer Umdrehung stehen. Halbautomatik wird dann benutzt, wenn man noch mehr als 40 Sekunden zur Reinigung ausnutzen will.

Die automatische Schaltung der Steuerscheibe vollzieht sich wie folgt: Der Hebel Nr. 66 setzt sich mit dem Stift Nr. 86 auf einen ankommenden Gewindestift der Steuerscheibe auf. Hierdurch wird über das Hebelgestänge Nr. 80, 85, 89, 90, 84, 83 eine Schaltung Nr. 54 freigegeben, welche über die Steuerwelle Nr. 72 Nockenscheiben schaltet; durch diese Nockenscheiben werden nacheinander die Ventile für die einzelnen Medien geöffnet. Bei jedem Takt der Maschine wird die Steuerscheibe Nr. 39 um eine Teilung weitergeschaltet und nach jeder Schaltung tastet der Hebel Nr. 66 die Steuerscheibe ab. Trifft der Hebel Nr. 66 auf keinen Gewindebolzen Nr. 87, so findet er keinen Widerstand, kann durchschwenken und sperrt damit die Schaltung Nr. 54 für die Nockenwelle Nr. 72 ab.

Zusammenfassung

Bei dieser Ausführung erfolgt der Ablauf des Reinigungs-Vorganges automatisch. Der Meister bestimmt aufgrund von Überlegungen und Versuchen die kürzeste erforderliche Zeit für jede einzelne Spritz- und Ausblase-Phase. Diese Zeiten stellt er an der Lochscheibe ein, nimmt dieselbe unter Verschluß und hat so die Gewähr, daß die Reinigung der Objekte den ärztlichen Bestimmungen genügt und der Apparat die größtmögliche Leistung, die der Bedienungsperson vorgeschrieben wird, hergibt.

II. Entwicklung einer rotierenden Flaschenreinigungsmaschine, Type RS 48 und RS 80

Als einfache Flaschenreinigungsmaschine, die mit Frischwasser das Innere und Äußere reinigt, war dieser Maschinentyp schon bekannt. Die Praxis verlangte aber eine Maschine, die in der Lage ist, die Flaschen mit verschiedenen Medien nacheinander auszuspritzen, unter wiederholter Verwendung der teueren Reinigungsmittel.

Die Entwicklungsarbeiten führten zur Konstruktion der Type RS 48 und RS 80 mit 48 bzw. 80 Spritzstellen.

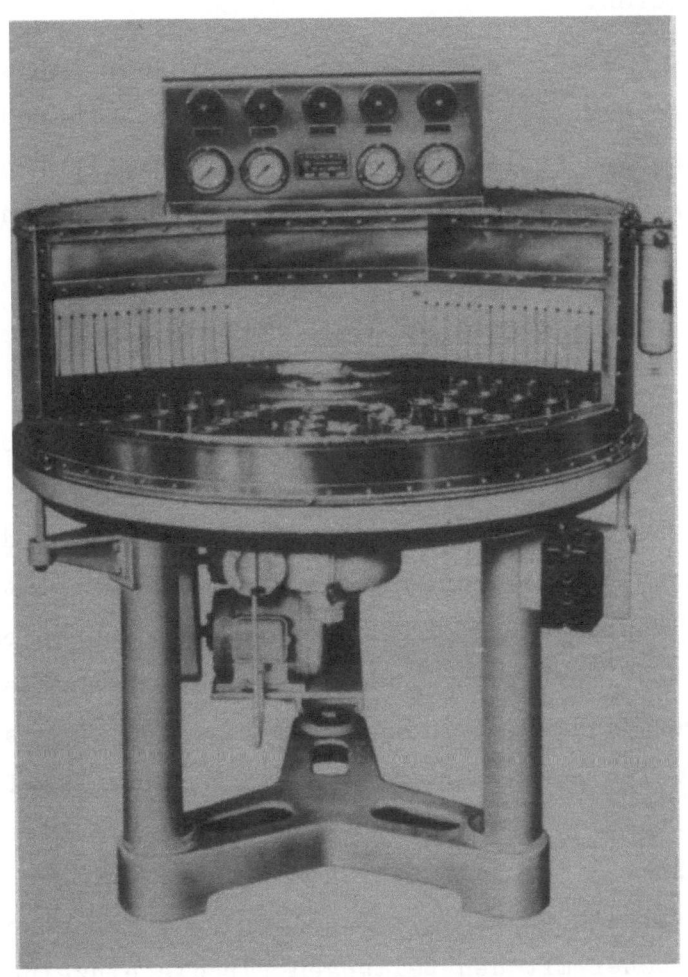

Abbildung 7

Reinigungsmaschine für pharmazeutische Flaschen, Type RS 48 bzw. RS 80, stündliche Leistung: 1.500 bzw. 2.500 Flaschen

Forschungsberichte des Wirtschafts- und Verkehrsministeriums Nordrhein-Westfalen
___

Die Merkmale dieser Konstruktion sind, daß ein Rundschieber die einzelnen Spritzungen steuert, eine unterteilte Wanne die Medien aufnimmt und in angebaute und mit Pumpenstationen versehene Behälter abführt, so daß jedes Medium kontinuierlich arbeiten kann. Der Zentralschieber ist mit einer leicht auswechselbaren Spezialdichtung versehen, die Temperaturen bis zu 120 Grad aushalten kann, so daß außer heißer Lauge und Frischwasser auch Dampf als Medium Verwendung finden kann. Es können drei verschiedene Medien hintereinander verarbeitet werden, und zwar werden vorzugsweise Lauge, Frischwasser und destilliertes Wasser in der Praxis benutzt.

Zwischen den einzelnen Spritzstellen befinden sich Leerstellen, so daß das jeweilige Medium ablaufen kann, ohne sich mit anderen Medien zu vermischen. Zur Verstärkung der Entleerungswirkung wird nach jeder Spritzung Druckluft eingeblasen.

Der Arbeitsablauf ist der, daß die Bedienungsperson die schmutzigen Flaschen auf die Spezialhalterungen aufsetzt, die die Flaschen senkrecht über den Spritzstellen fixieren. Die Flaschen durchlaufen die einzelnen Spritzzonen und werden nach einem Rundgang von der Bedienungsperson abgenommen.

1. Bisherige einfache Ausführung

Beschreibung

Die rotierende Flaschenreinigungsmaschine Type RS 48/80 besteht aus einer Wanne, über der sich ein Spritzrohr-System dreht, dessen einzelne Spritzrohre radial zum Zentrum der Drehbewegung angeordnet sind. Die Spritzrohre, die an ihren äußeren Enden geschlossen sind, besitzen an ihrem oberen Teil 3 in Abständen nebeneinanderliegende Bohrungen zur Aufnahme der Spritzdüsen bzw. Spritzröhrchen und der Flaschenhalterungen, die die Flaschen mit ihrer Mündung über den Düsen bzw. Röhrchen senkrecht zentrieren. Die radialen Rohre münden nach dem Zentrum der Drehbewegung hin in den sich mitdrehenden Steuerschieber ein, der mit Nieren versehen ist und beispielsweise aus Novotext besteht. Dieser Schieber dreht sich über dem aus Metall bestehenden und mit Rundlöchern versehenen feststehenden Spiegel, dessen Löcher mit den Leitungen für die einzelnen Spritzmedien verbunden sind. Bei der Überdeckung von Nieren und Löchern wird die Spritzflüssigkeit zu den Spritzröhrchen freigegeben. Abbildung 8 zeigt bei Nr.10 die Flaschenhalterungen, Nr. 12 die Spritzröhrchen, Nr. 10a die Wanne, Nr. 3 und 11 den Wasserzufluß für die Innen- und Außenspritzung, Nr. 1

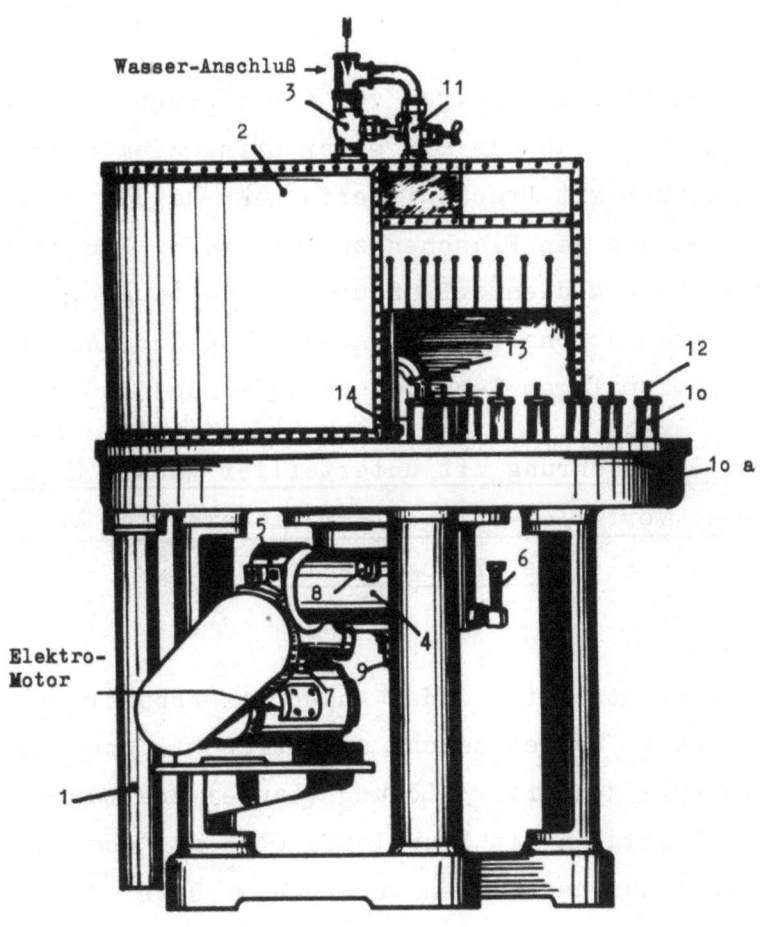

Abbildung 8

das Wasserablaufrohr, Nr. 2 die Schutzhaube, unter der die Reinigung vor sich geht, Nr. 13 den Spiegel mit dem darunter befindlichen Steuerschieber. Die zu reinigenden Flaschen werden von der Bedienungsperson mit der Mündung nach unten auf die Flaschenhalterungen gesetzt, wobei die Spritzröhrchen in den Flaschenhals eintreten. Beim Rotieren des Drehsystems gelangen die Flaschen unter die Schutzhaube, und hier beginnt, gesteuert durch den Steuerschieber in Verbindung mit dem Spiegel, die Spritzung. Dieselbe ist intermittierend, d.h. dem Angriff des Wasserstrahls folgt jeweils in kurzen Intervallen ein Ausblasen mit Druckluft, so daß die Wasserstrahlen wiederholt die Wandung der entleerten Flaschen treffen. Beim Austritt der Flaschen aus der Schutzhaube wird noch einmal ausgiebig Druckluft gegeben, um die Flaschen möglichst wasserfrei zu machen. Die gereinigten Flaschen werden von der Bedienungsperson abgenommen und durch zu reinigende Flaschen ersetzt. Auf diese Weise ist ein kontinuierliches Arbeiten gewährleistet. Das Reinigungswasser läuft bei dieser Ausführung durch das Wasserablaufrohr 1 ab.

Forschungsberichte des Wirtschafts- und Verkehrsministeriums Nordrhein-Westfalen

Zusammenfassung

Diese Ausführung genügt zum Reinigen von fabrikneuen Flaschen mit Frischwasser. Ebenso kann für Flaschen mit enger Öffnung am Ende der Reinigungs-Operation ein Ausblasen mit Druckluft erfolgen, um das bei der Reinigung eingedrungene Wasser aus den Flaschen zu entfernen. Ein kombiniertes Reinigen mit verschiedenen Medien z.B. Säurelösung, Laugen, destilliertes Wasser ist jedoch aus Rationalitätsgründen unmöglich, da die teuren Reinigungsmittel nach einmaligem Gebrauch ablaufen und so verloren gehen.

2. Neuentwickelte Ausführung mit unterteilter Wanne, Umpumpstationen und verbessertem Verteiler-Spiegel zur wiederholten Verwendung von Reinigungs-Medien

Beschreibung

Die Abbildung 9 zeigt den rotierenden Ausspritz-Apparat in der neuen verbesserten Ausführung in Seitenansicht und Aufsicht, und zwar in einer Ausführung zum Ausspritzen mit P3-Lösung (Lauge) und Warm- bzw. destilliertem Wasser, sowie Ausblasen mit Druckluft. Oben auf dem Aggregat sind die Anschlüsse für die einzelnen Medien zu ersehen. Unter der Wanne sind zwei Behälter anmontiert, von denen einer die P3-Lösung, der andere das Warmwasser bzw. destillierte Wasser enthält. Diese Behälter sind durch Dampfschlangen bzw. elektrische Heizstäbe heizbar. Die genannten Medien werden durch je eine mit Filter versehene Pumpe immer von Neuem unter einem Druck von 3-4 atü den Spritzröhrchen und der Außenberieselung zugeführt. Der Steuerschieber sowie der feststehende Spiegel sind mit konzentrisch verlaufenden Nieren bzw. Bohrungen versehen, um die verschiedenen Reinigungsflüssigkeiten zusammen mit der Druckluft steuern zu können. Der Schieber besteht aus einem nach vielfachen Versuchen ermittelten Werkstoff, der einerseits die erforderlichen Gleit- und Konsistenz-Eigenschaften besitzt, andererseits selbst gegen Dampf beständig ist. Die Schutzhaube ist mit Plexiglasfenstern und Innenbeleuchtung ausgerüstet, um den Reinigungsvorgang in allen Phasen überwachen zu können. An einem aufmontierten Armaturenkasten ist der Druck der einzelnen Medien ablesbar.

Zusammenfassung

Diese Ausführung ermöglicht es, Flaschen aller Art mit durch Druckluft-Ausblasung unterbrochenen Spritzungen unter Verwendung verschiedener Reinigungs-Medien in fortlaufendem Arbeitsgang einwandfrei zu reinigen; außer

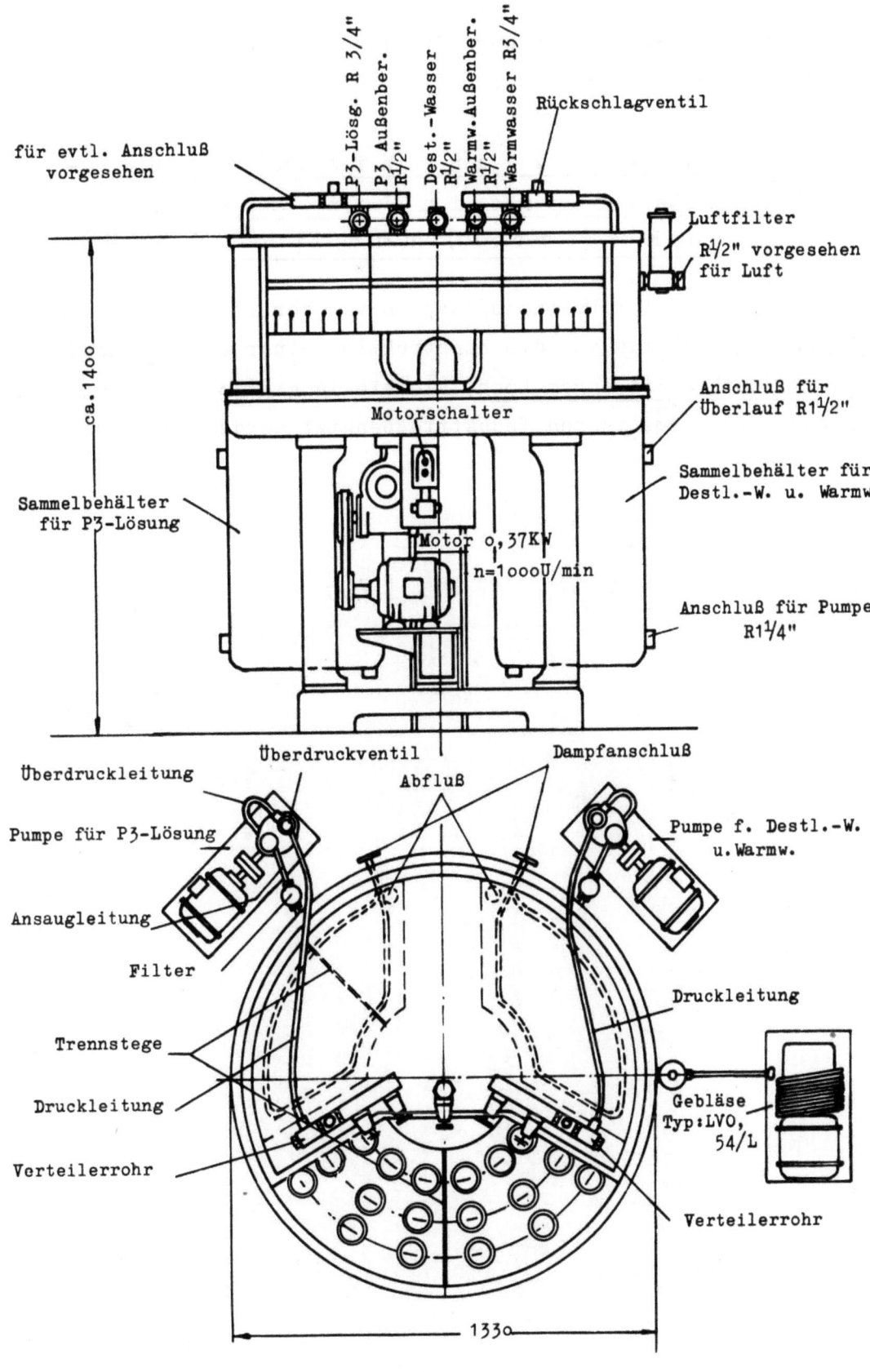

Abbildung 9
Aufstellungsplan der Reinigungsmaschine Type RS 80

Forschungsberichte des Wirtschafts- und Verkehrsministeriums Nordrhein-Westfalen

Frischwasser, Säure, Lauge, destilliertem Wasser, kann auch Dampf benutzt werden. Die wiederholte Verwendung der einzelnen Spritzflüssigkeiten sichert einen rationellen Arbeitsablauf.

III. Entwicklung einer Vakuum-Füllmaschine in linearer Form, Type FV 3 (Abb. 1o) und FV 1o (Abb. 11)

Eine solche Maschine für Weithalsflaschen war bereits bekannt. Das Ziel der Entwicklungsarbeiten war die Konstruktion einer entsprechenden Maschine für <u>Flaschen mit engem Loch</u>, wie sie in großem Maße von der pharmazeutischen und kosmetischen Industrie benutzt werden. Nach zahlreichen

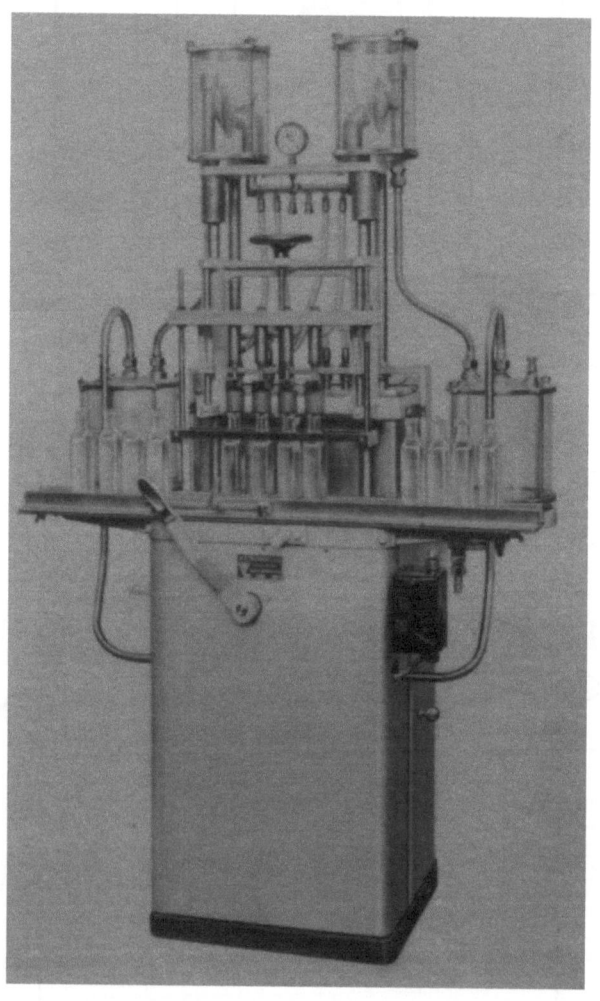

Abbildung 1o
Vakuum-Füllmaschine in linearer Form für Weit- und Engloch-Flaschen,
Type FV 3, stündliche Leistung: bis zu 1.6oo Flaschen

Forschungsberichte des Wirtschafts- und Verkehrsministeriums Nordrhein-Westfalen

Abbildung 11

Vakuum-Füllmaschine in linearer Form für Weit- und Engloch-Flaschen,
Type FV 1o, stündliche Leistung: bis zu 4.ooo Flaschen

Versuchen wurden Spezialfüllventile und Zentriervorrichtungen entwickelt, die mit Sicherheit die Füllnadeln massenweise in je 3 bis 2o Flaschen einführen. Gleichzeitig wurde eine automatisch arbeitende Belüftungsvorrichtung entwickelt, durch die die Flaschen zwecks Sicherstellung einer gleichmäßigen genauen Füllhöhe unmittelbar nach erfolgter Füllung belüftet werden.

Der Arbeitsvorgang ist folgender: Je 3 - 2o Flaschen werden von einer Bedienungsperson in Füllstellung geschoben, alsdann bringt die zweite Bedienungsperson durch Betätigung eines Hebels die Flaschen in Berührung mit den Füllorganen. Sobald der Kontakt hergestellt ist, findet Evakuierung und Füllung der Flaschen bis zu der gewünschten Füllhöhe statt. Die gefüllten Flaschen werden von der zweiten Bedienungsperson aus der Maschine ausgeschoben und neue Flaschen in Füllstellung gebracht. Anstelle der Anpressung der Flaschen gegen die Füllventile von Hand, kann die Maschine auch mit hydraulischer Anpressung geliefert werden. Die Stundenleistung beträgt bei Enghalsflaschen je nach der Füllstellenzahl bis zu 6.000 Füllungen und mehr.

1. Vakuum-Füllmaschine für Flaschen mit weiter Öffnung

Beschreibung

Die Füllung von Weithalsflaschen geht in folgender Weise vor sich: Die zu füllenden Flaschen werden, je nach der Zahl der Füllnadeln - auf Abbildung 12 ist eine Vakuum-Füllmaschine, Type FV 10, mit 10 Füllstellen zu ersehen - auf den Einschubtisch gesetzt, der dieselben mittels zweier verstellbarer Seitenleisten führt und von Hand gegen einen kippbaren Anschlag in Füllstellung geschoben, so daß die Flaschenmündungen genau unter die mit Bohrungen versehene Zentrierleiste Nr. 39 zu stehen kommen. Durch Betätigung des Handhebels Nr. 21 werden die Flaschen alsdann gegen

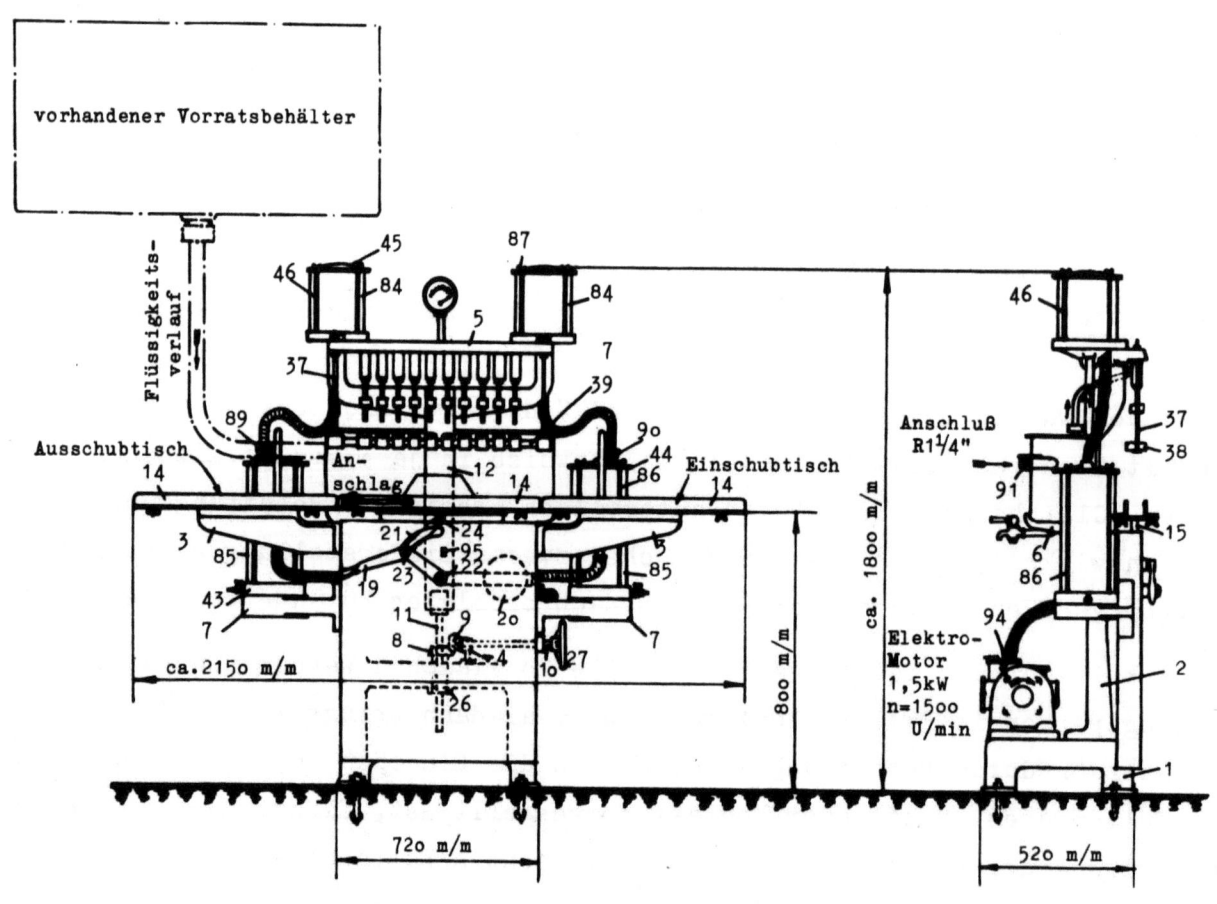

Abbildung 12
Vakuum-Füllmaschine, Type: FV 10

die mit je einer Gummidichtung ausgestatteten Füllorgane F gehoben. Sobald die Abdichtung zwischen Flaschenmündung und Gummidichtung erreicht ist, werden die Flaschen automatisch evakuiert und gleichzeitig Füllgut aus dem höher stehenden Vorratsbehälter eingesaugt. Die Füllorgane bestehen aus zwei konzentrischen Rohren, von denen die eine die Flüssigkeits-, die andere die Vakuum-Leitung bildet. Die Flaschen füllen sich bis zum unteren Ende des Füllorganes, da das Vakuum die nachströmende Flüssigkeit ständig absaugt. Die abgesaugte Flüssigkeit, die relativ minimal ist, wird dabei in die Rezipienten Nr. 84 übergeführt und fließt von da über zwei weitere Sicherheits-Rezipienten Nr. 85, die die Vakuumpumpe vor Flüssigkeitszutritt schützen, in den hinter der Füllmaschine anmontierten Schwimmerkessel zurück, der dauernd aus dem Vorratsbehälter gespeist wird. Sobald die Flaschen gefüllt sind, werden sie durch Rückschaltung des Handhebels Nr. 21 auf den Arbeitstisch zurückgesenkt, der Anschlag wird ausgekippt und die gefüllten Flaschen werden auf den Ausschubtisch hinausgeschoben. Alsdann werden neue Flaschen in Füllstellung gebracht und der Arbeitsablauf wiederholt sich. Abbildung 13 zeigt das Füllorgan und den Arbeitstisch von der Seite. Nr. 13 stellt den Arbeitstisch dar, der von den beiden verstellbaren Leisten Nr. 14 begrenzt wird; Nr. 28 ist der kippbare Sperrhebel (Anschlag), gegen den die Flaschenreihe geschoben wird. Nr. 40 zeigt die Zentrierleiste mit der konischen Bohrung im Schnitt. Beim Heben der Flaschen schieben sich deren Mündungen, geführt durch die konischen Bohrungen, über die konzentrischen Füll- und Vakuumrohre Nr. 31, bis die Flaschenmündungen sich gegen die Gummidichtung Nr. 34 abdichten. Die Vakuumleitung V dient zum Evakuieren der Flaschen, die Füllgutleitung Nr. 35, die in den Schwimmerkessel eintaucht, bringt das Füllgut in die Flasche.

Zusammenfassung

Mit diesem Apparat lassen sich Flaschen mit normaler, weiter Öffnung einwandfrei genau auf die gewünschte Höhe füllen. Die Füllung von Flaschen mit enger Mündung ist jedoch nicht möglich, da die Zentriervorrichtung, die aus einer mit runden Öffnungen versehenen Führungsleiste besteht, für Englochflaschen nicht genügt und auch das Füllsystem die höhengleiche Füllung derartiger Flaschen nicht gestattet.

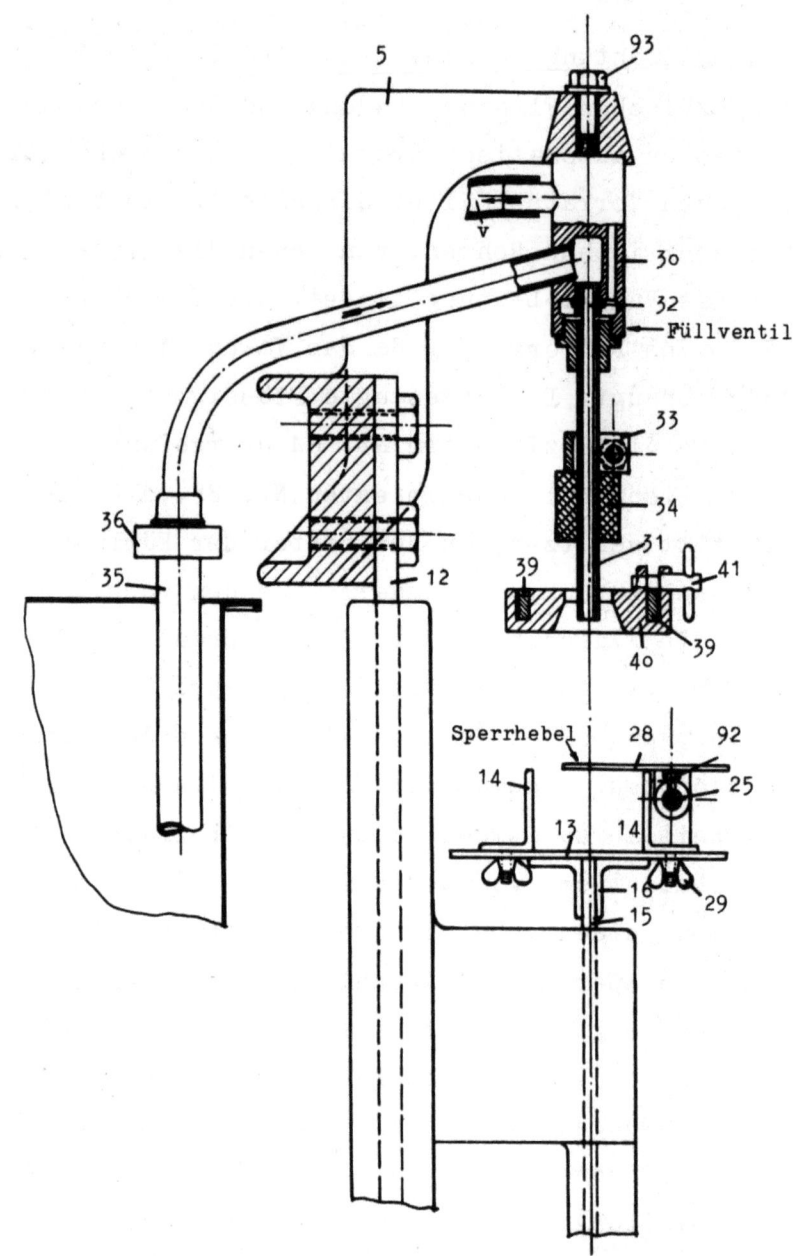

Abbildung 13
Vakuum-Füllmaschine, Type: FV 1o

2. Vakuum-Füllmaschine für Flaschen mit enger Mündung

Beschreibung

Um Flaschen mit enger Mündung (etwa 3mm Öffnung) wie sie häufig in der pharmazeutischen und kosmetischen Industrie vorkommen, füllen zu können, mußten das Füllorgan und die Zentriervorrichtung grundlegend umkonstruiert werden. Während bei dem Weithals-Füllapparat die konzentrischen Füll- und Vakuum-Rohre stationär waren, mußte bei dem Englochfüller das Flüssigkeitsrohr verschiebbar sein, da nur das dünne Vakuumrohr in der engen Flaschenöffnung Platz fand. Die gleiche Verschiebbarkeit mußte auch für die Zentriervorrichtung, die als Glocke ausgebildet wurde, vorgesehen werden. Die Wirkungsweise des Füllorgans für Englochflaschen ist aus der Abbildung 14 zu ersehen, die links das Füllorgan in Anfangsstellung, rechts in Füllstellung zeigt. V ist das stationäre Vakuumröhrchen, F das verschiebbare Füllrohr, Z ist die Zentrierglocke, D der Abdichtungsgummi. Die durch die Zentrierglocke Z geführte Flaschenmündung stößt beim Hochgehen gegen den Abdichtungsgummi D und hebt das gesamte Ventil nach Maßgabe der Handhebelschaltung hoch. Dabei senkt sich das Vakuum-Röhrchen, wie aus der rechts befindlichen Abbildung zu ersehen ist, in die Flaschenmündung. Damit das Ventil sich heben kann, wurde die Füllgutleitung L beweglich ausgebildet. Der Füllvorgang selbst geht nun in der Weise vonstatten, wie unter III, 1 geschildert. Jedoch füllen sich die Flaschen nicht von vornherein, wie das bei dem Weithalsfüller der Fall war, bis zum unteren Ende des Vakuum-Röhrchens, vielmehr steigt die Flüssigkeit höher, da das enge Vakuum-Röhrchen das aus dem weiten Flüssigkeitsrohr ständig zufließende Füllgut nicht völlig absaugen kann. Um trotzdem gleiche Füllhöhe in den Flaschen zu erzielen, wird, sobald die Flaschen voll sind, die Flüssigkeitsleitung mit der atmosphärischen Luft in Verbindung gebracht. Dies geschieht durch kurzes Ziehen des Hebels H, wobei sich die Gummidichtung G von der Rohrtülle T abhebt, so daß Luft in das Flüssigkeitssystem eintreten kann. Da auf diese Weise kein Unterdruck mehr in der Flasche herrscht, wird der Füllgutzustrom aus der Leitung L unterbrochen, und das Vakuum-Röhrchen kann nunmehr das Zuviel an Flüssigkeit absaugen. - Diese neue Ventilkonstruktion bietet den weiteren Vorteil, daß sie bei ungleich hohen Flaschen einen Höhenausgleich gestattet. Während bei dem Weithalsfüller von ungleich hohen Flaschen nur die jeweils größten Flaschen abgedichtet wurden und daher auch nur diese eine Füllung erhielten, werden bei dem Englochfüller alle Flaschen abgedichtet und gefüllt, da hier die Verhältnisse für alle Flaschen - in gegebenen Grenzen - gleich sind und nur der Unterschied besteht, daß die kleinen Flaschen, um die Abdichtung herbeizuführen, das Ventil gegen die Feder E weniger anzuheben haben, während die großen Flaschen die Feder stärker zusammendrücken.

Die neuentwickelte Füllmaschine wurde für große Leistungen (bis 8.000 Flaschen pro Stunde) auch mit hydraulischer Anpressung der Flaschen gegen die Füllorgane und elektrischer Schaltung entwickelt. Bei dieser Ausführung geschieht das Heben und Senken, sowie Belüften der Flaschen in auto-

Forschungsberichte des Wirtschafts- und Verkehrsministeriums Nordrhein-Westfalen

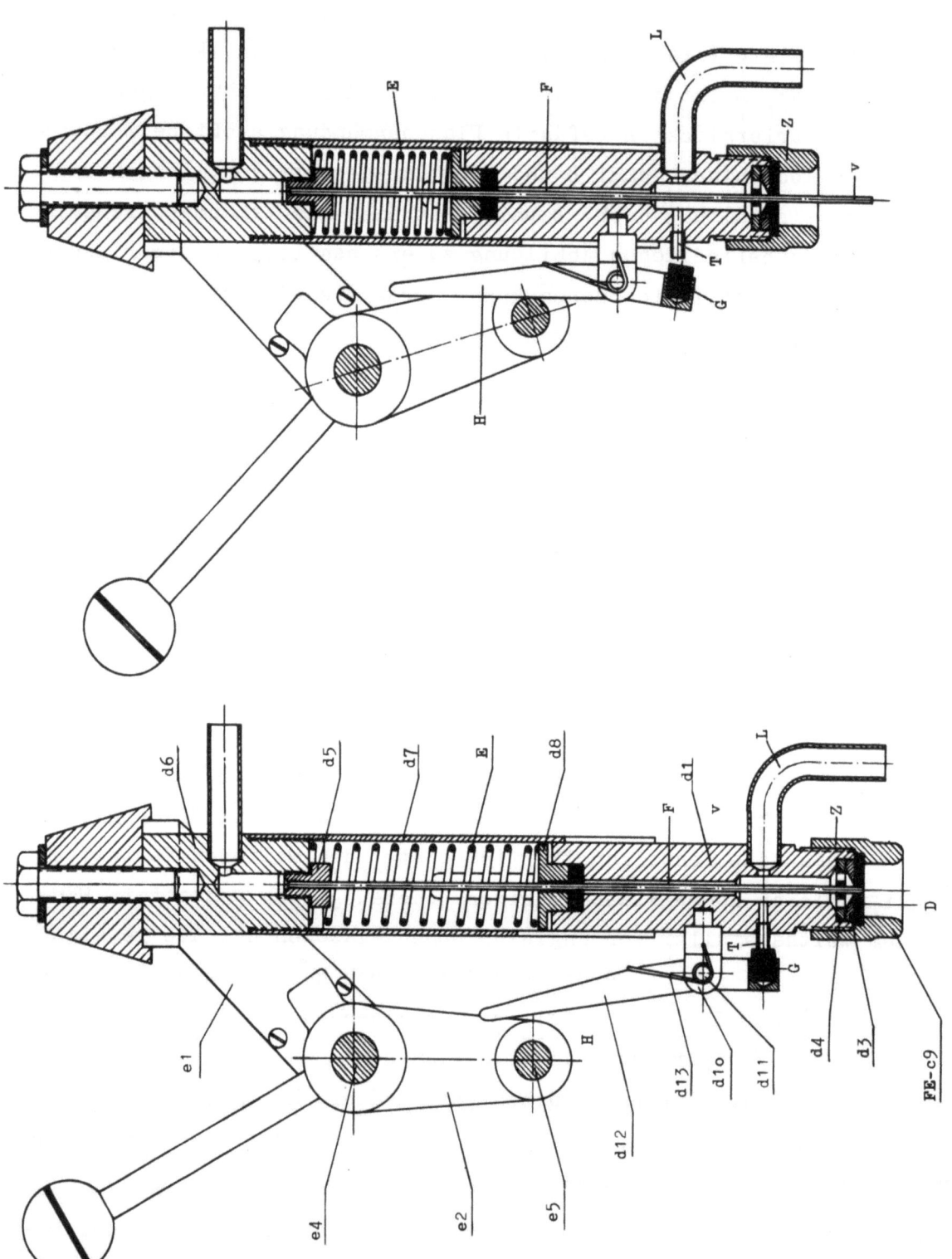

Abbildung 14
Füllventil für Enghalsflaschen der Type FV 10

matischem Arbeitsablauf, so daß die Bedienungsperson lediglich die leeren Flaschen in Füllstellung zu bringen und die gefüllten Flaschen aus der Maschine herauszuschieben braucht.

Zusammenfassung

Durch Entwicklung von geeigneten Zentriervorrichtungen durch ausgiebige Untersuchungen über ein geeignetes Füllverfahren, das zu der Einschaltung einer Belüftungsphase in den Füllvorgang und zur Konstruktion eines speziellen Füll- und Vakuum-Organes führte, ist die vorstehend beschriebene Vakuum-Füll-Maschine geeignet, Engloch-Flaschen ohne Störung rationell höhengleich zu füllen.

IV. Entwicklung einer Ampullen-Bedruckmaschine, Type BA

Das Ziel der Entwicklungsarbeiten ist die Herstellung einer vollautomatischen Bedruckmaschine für das Aufbringen von keramischen Einbrennfarben. Diese Maschine, die in Kombination mit der neu von uns entwickelten und unter V beschriebenen Ampullenfüll- und Schließmaschine, Type FMA, arbeiten soll, befindet sich noch in der Entwicklung, da nach Überwindung zahlreicher Schwierigkeiten noch weitere Probleme zu lösen sind.

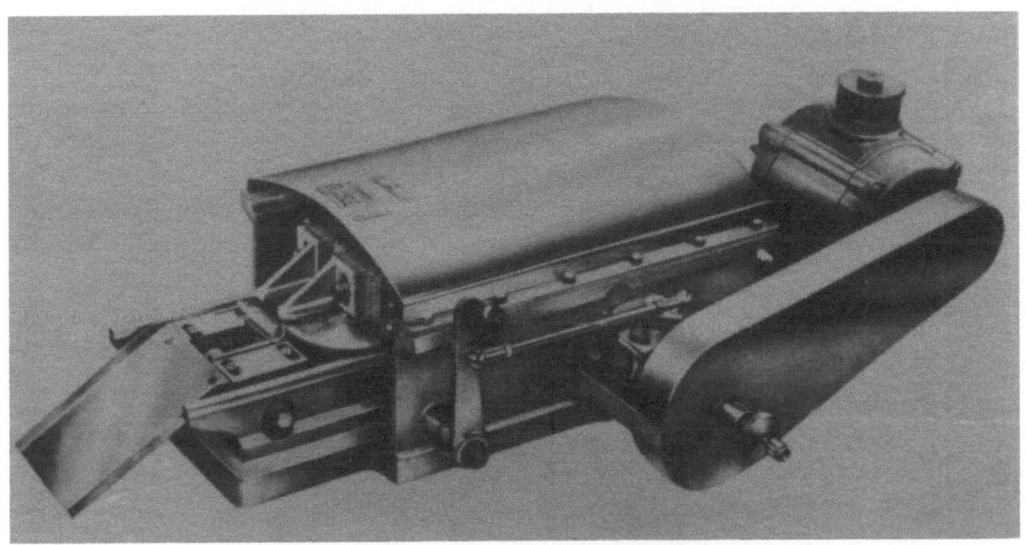

Abbildung 15
Halbautomatische Bedruckmaschine für Ampullen, Type BA
stündliche Leistung: bis 2.500 Ampullen

Forschungsberichte des Wirtschafts- und Verkehrsministeriums Nordrhein-Westfalen

V. Entwicklung einer Ampullen-Füll- und Schließmaschine, Type FMA

Die beiden auf dem Markt befindlichen Maschinen zeigten vor allem zwei Nachteile, einmal einen Mangel an Zuverlässigkeit hinsichtlich eines kapillarfreien Verschlusses der Ampullen, andererseits eine zu geringe Stundenleistung.

Unsere Arbeiten führten nach eingehenden Vorversuchen zur Konstruktion der automatischen Ampullen-Füll- und Schließmaschine, Type FMA mit einer stündlichen Leistung bis zu 4.000 Ampullen, gegenüber einer Leistung bei bis dahin bekannten Maschinen von ca. 2.000 Objekten.

Die Steigerung der Leistung wurde dadurch erzielt, daß jeweils drei Ampullen gleichzeitig gefüllt und verschlossen werden.

Der Arbeitsablauf der FMA ist folgender: Die Ampullen werden auf einer geneigten Zuführbahn automatisch der endlosen Transportkette zugeführt. Diese Transportkette ist mit leicht auswechselbaren Zellen aus Ferrozell

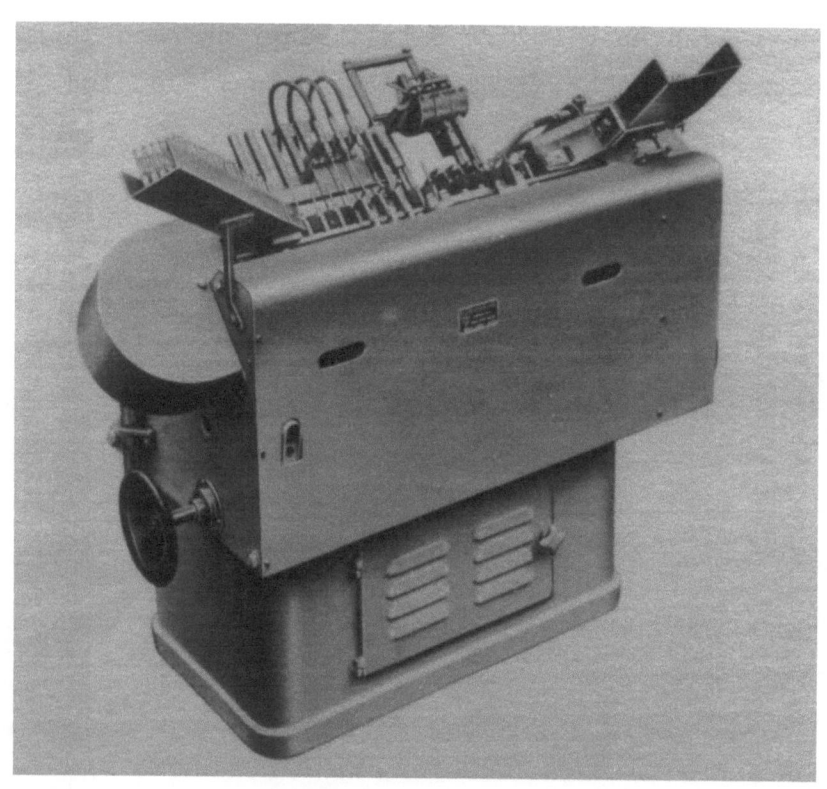

Abbildung 16
Vollautomatische Ampullen-Füll- und Schließmaschine,
Type FMA (Vorderansicht), stündliche Leistung: bis 4.000 Ampullen

Abbildung 17

Vollautomatische Ampullen-Füll- und Schließmaschine,
Type FMA (Rückseite), stündliche Leistung: bis 4.000 Ampullen

bestückt, die drei Ausbuchtungen aufweisen, in die die Ampullen sich automatisch, schräg aufgerichtet, einlegen. Das absatzweise laufende Transportband bringt die Ampullen zunächst zur Begasungsstation, wo dieselben durch automatisch sich einsenkende Füllnadeln eine die Luft verdrängende Gasatmosphäre erhalten. Auf der folgenden Füllstation erfolgt die Füllung mit Hilfe von genau arbeitenden Jenaer-Glas oder Nylon-Pumpen, wobei eingebaute Sicherungen die Abgabe von Füllflüssigkeit bei fehlender Ampulle verhüten. Auf der Schließstation werden die Spieße der gefüllten Ampullen verschlossen, und zwar durch Spezialbrenner, die durch Leuchtgas, Propangas etc. und Sauerstoff gespeist und bequem von der Bedienungsperson reguliert werden. Die plastisch gewordenen Spieße werden von einem Greifer abgezogen, wobei die Spießenden über eine Ablaufrinne in einen Sammelkasten abgeworfen werden. Während des Verschließvorganges werden die Ampullen gedreht, so daß ein kapillarfreies Abziehen derselben gewährleistet ist. Die gefüllten und verschlossenen Ampullen sammeln sich automatisch und geordnet auf dem Ablaufblech, von dem sie abgenommen werden.

1. Bisheriges Verfahren

Die einfachsten Aggregate zum Füllen und Verschließen von Ampullen sind Handaggregate. Die Ampullen werden in Halterungen eingespannt, und eine mit einer Pumpe versehene Füllnadel wird in den Ampullenspieß eingesenkt oder umgekehrt die Ampulle mit ihrem Spieß in die feststehende Füllnadel eingeführt. Das Verschließen erfolgt auf einem zweiten Apparat, der mittels einer Flamme den Ampullen-Spieß an seinem oberen Ende erwärmt bis er plastisch wird, wobei der Spieß sich verengt und die erhöhten Glaswandungen zu einem Verschluß zusammenfallen. Diesen Vorgang zeigt die Abbildung 18.

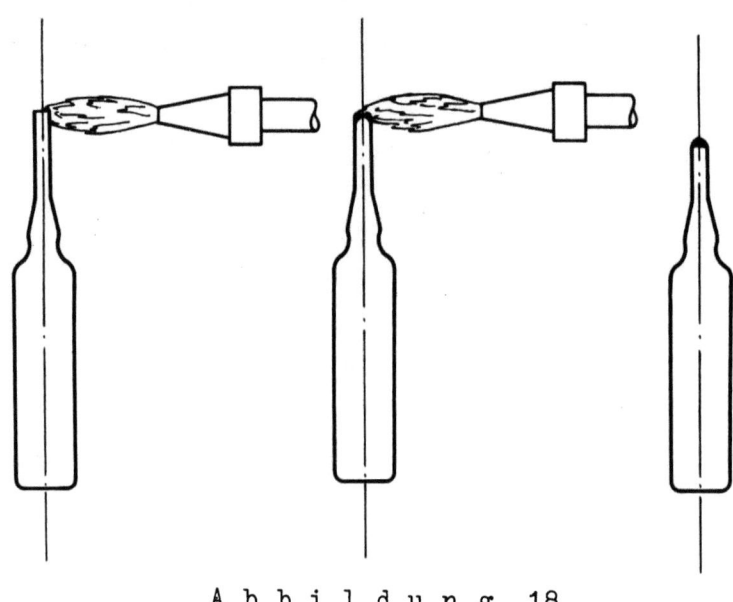

A b b i l d u n g 18

Für mittlere Leistungen wurden kombinierte Füll- und Verschließanlagen in rotierender Form gebaut, die im Prinzip nach dem beschriebenen Verfahren arbeiteten. Um die Leistung zu erhöhen, baute man derartige Anlagen auch in der Art, daß zwei Ampullen zu gleicher Zeit gefüllt und verschlossen wurden. Mit diesen Anlagen erreichte man Leistungen bis etwa 2.500 Ampullen stündlich.

Zusammenfassung

Die mit diesen Apparaten erzielten Leistungen genügen nicht mehr den heutigen Anforderungen. Vor allem aber bietet das Zuschmelzen nach dem Zusammenfall-Verfahren nicht die Sicherheit eines kapillarfreien Verschlusses, denn die für das Zuschmelzen zur Verfügung stehende Zeit genügt insbesondere bei Unterschieden in der Stärke der Glaswandungen häufig nicht, um die Öffnung ganz zu schließen. Da die in solchen Fällen verbleibende Kapillare meist mit dem Auge nicht festgestellt werden kann, können fehlerhafte Ampullen, die nicht in die Hände des Verbrauchers kommen dürfen, erst durch besondere Prüfverfahren erkannt werden.

2. Ampullen-Füll- und Schließmaschine, Type FMA

In linearer Ausführung mit gleichzeitiger Begasung, Füllung und Schliessung von jeweils drei Ampullen in kontinuierlicher Ausbeitsweise, mit kapillarfreiem Zuschmelzen der Ampullen nach dem Ausziehverfahren.

Beschreibung

Bei unserer neuentwickelten Ampullenfüll- und Schließmaschine, Type FMA, werden die Ampullen aus einem schräg zur Maschine stehenden Zuführungskasten Z (siehe Abb. 19) automatisch zugeführt. Sie legen sich dabei, wie aus Abbildung 20 bei a ersichtlich ist, in muldenförmige, nach hinten geneigte Aussparungen einer endlosen Transportkette, die sich absatzweise derart bewegt, daß stets drei Ampullen taktweise weiterbefördert werden. Bei dem nächsten Takt machen die drei Ampullen unter den drei Begasungsnadeln halt, die Nadeln senken sich in die Ampullen-Spieße bis auf den Boden der Ampullen und geben zur Vertreibung der atmosphärischen Luft ein indifferentes Gas ab. Die weitere Schaltung bringt die begasten Ampullen unter die Füllstation G. Hier treten die Füllnadeln in das Ampullen-Innere ein und füllen dasselbe mit einem genau abgemessenen Füllquantum. Die dazu erforderlichen Pumpen bestehen aus Jenaer-Glas, Nylon oder nichtrostendem Metall. Wird Nachbegasung verlangt, so kann anschließend eine entsprechende Station vorgesehen werden. Alsdann gelangen die drei Ampullen in die Zuschmelz- und Abziehvorrichtung. Hier sind bei Nr. 8, 7, 5 drei Brenner angeordnet, die mit Gas und Sauerstoff gespeist werden und drei quer zu den Ampullen gerichtete Flammen erzeugen, die auf die Ampullenspieße treffen. Während des Schmelzvorganges werden die Ampullen durch die Gummirollen D in Rotation versetzt, so daß die Spieße an ihrem ganzen Umfang gleichmäßig erwärmt werden. Die zangenartig ausgebildeten Greifer g ergreifen die plastisch gewordenen Spieße, ziehen die Spießenden ab und lassen sie über eine Rutsche in einen Auffangbehälter fallen. Die verschlossenen Ampullen sammeln sich auf einem schräg nach oben verlaufenden Aufnahmekasten, von wo aus sie von Hand abgenommen werden.

Forschungsberichte des Wirtschafts- und Verkehrsministeriums Nordrhein-Westfalen

Ersatzteil - Liste
der Ampullen-Füll- und Schließ-Maschine Type: FMA
(Abbildung 19 und 2o)

Pos.	Bezeichnung	Zeichn.Nr.
1	Oberer Zentrierrechen	FMA-D 1o4
2	Unterer Zentrierrechen	D 5a
3	Tragleiste	B 35
4	Fühlerverlängerungen	E 21
5	Oberer Gleitrechen gerade für kurze Ampullen	I 27
5	Oberer Gleitrechen gekröpft für lange Ampullen	I 26
6	Unterer Gleitrechen	I 25
7	Rollen Gummilänge 3o mm	I 9
7	Rollen Gummilänge 2o mm	I 9a
8	Brennerdüsen	
9	Abziehbleche	L 7
1o	Gasschläuche	
11	Handstück	
12	Stellbolzen	B 35
13	Antriebskette	
14	Füllschläuche	
15	Ansaugschläuche	
16	Füllnadeln außen ⌀ und gesamte Länge angeben	F 1o1/1o2
17	Verteilerstück aus Glas	G 36
18	Kolbenpumpe Füllmenge und Glas oder Nylon angeben	
19	Sterngriff für Pratze	
2o	Tropfenfänger	A 47
21	Rückschlagsicherung	
22	Sperrhebel	E 4
23	Transportzellen	B 14
	1 Satz Zugfedern	

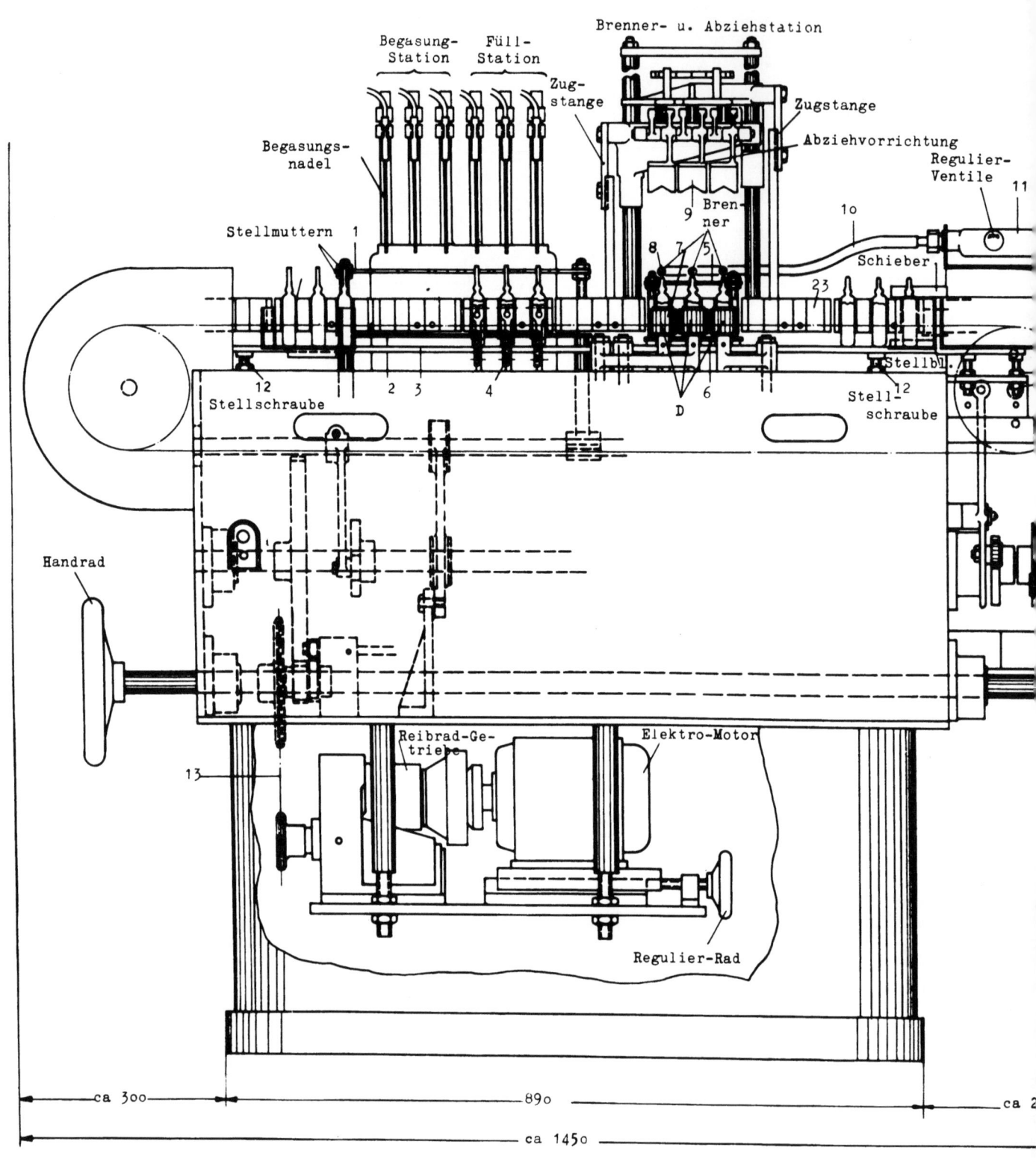

Abbildung 19 und 2o
Ampullen-Füll- und Schließmaschine Type: FMA

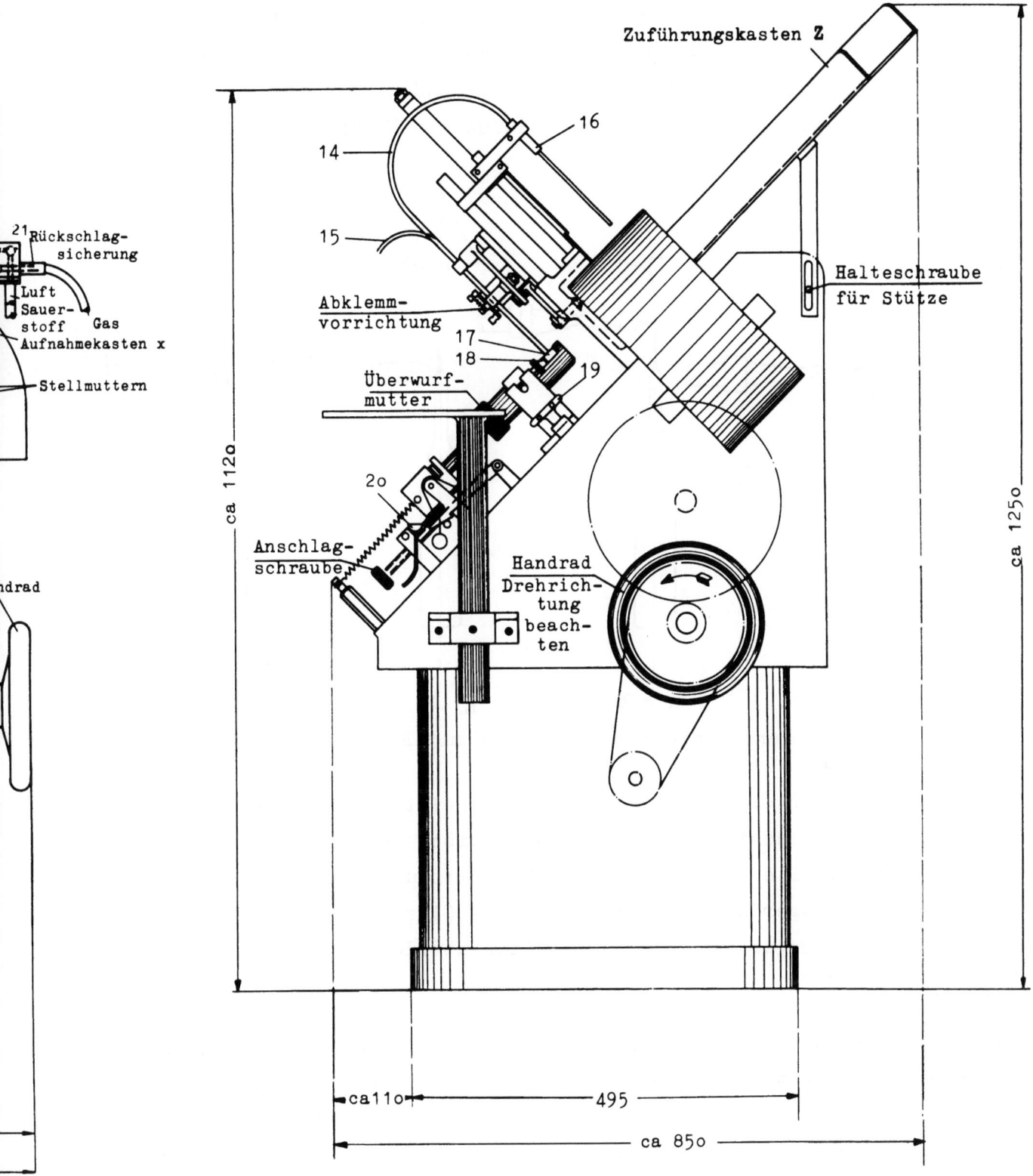

Die Wirkung des Abziehverfahrens zeigt die Abbildung 21. Aus ihr ist ersichtlich, daß der Ampullenspieß im Zusammenwirken mit der rotierenden Bewegung der Ampulle beim Abziehen des Spießendes zu einem gedrillten Faden ausgezogen wird, der anschließend durch die Flamme zu einer dichten

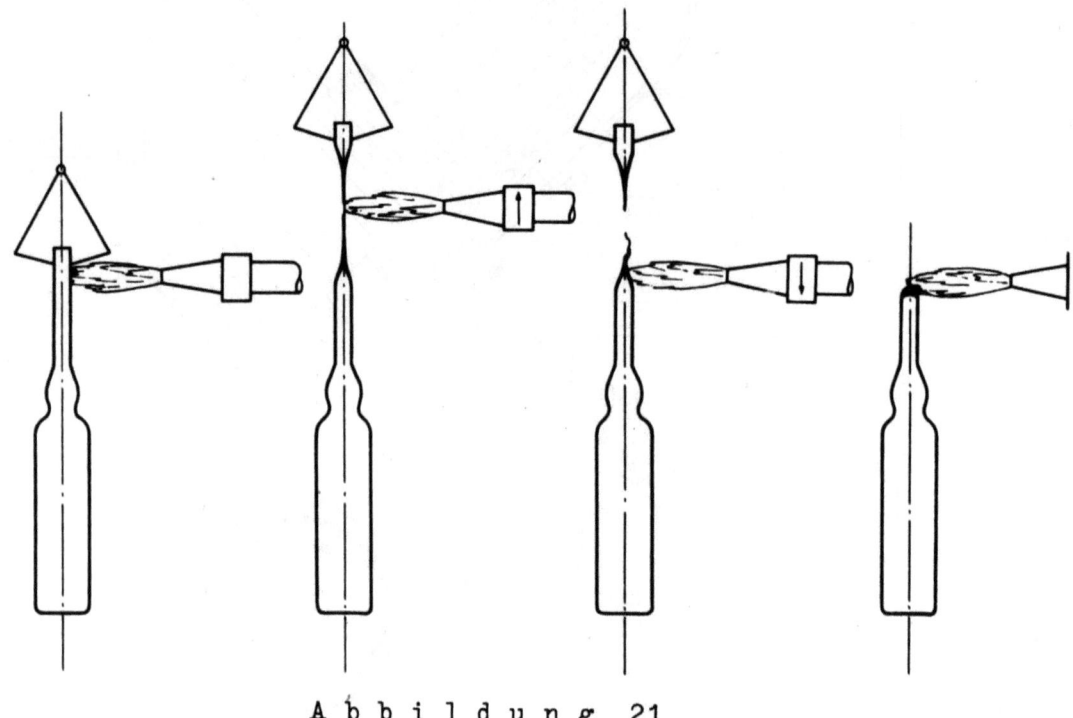

A b b i l d u n g   21
Verschmelzen von Ampullen mit Abziehen

Kuppe verschmolzen wird. Wie die Abbildung zeigt, wird die Flamme zur Erzielung des beabsichtigten Effektes automatisch nach oben und unten bewegt. Eine absolut sterile Füllung wird durch Anbringung einer mit einer Ultraviolett-Lampe ausgerüsteten Sterilhaube aus Glas erreicht, die die Zulaufrinne sowie die Begasungs- und Füllstation überdeckt.

Zusammenfassung

Die vorstehend beschriebene Konstruktion bietet aufgrund der linearen Bauart die Möglichkeit, die einzelnen Vorgänge der Begasung, Füllung und Schließung in übersichtlicher Weise derart nebeneinander anzuordnen, daß ein kontinuierlicher Arbeitsablauf entsteht. Zudem hat diese Anordnung den Vorteil, daß der Konstrukteur es in der Hand hat, beliebige weitere Arbeitsphasen einzureihen, z.B. eine Nachbegasungsstation und weitere Vorrichtungen, wie z.B. einen Sterilisiertunnel in bequemer Weise anzubringen. Die in gleichmäßigem Takt erfolgende Begasung, Füllung und Schließung von je drei Ampullen garantiert eine hohe Leistung der Maschine in lang-

Forschungsberichte des Wirtschafts- und Verkehrsministeriums Nordrhein-Westfalen

samem Lauf. Das Abziehverfahren gewährleistet einen absolut sicheren Verschluß der Ampullen ohne Nachkontrolle und inhibiert Ausschuß-Verluste.

VI. Entwicklung einer Reinigungsmaschine in linearer Anordnung mit Zu- und Abtransport für Antibiotica-Gläser

Die zur Zeit der Entwicklung der neuen Anlage im Markt befindlichen Maschinen für Reinigung und Silikonisierung von Antibiotica-Gläsern genügten hinsichtlich ihrer Leistungsfähigkeit nicht mehr dem anfallenden Bedarf, der eine Maschine von einer stündlichen Leistungsfähigkeit von mindestens 12.000 Gläsern erfordert. Außerdem waren die bisher üblichen Modelle nur für halbautomatischen Betrieb vorgesehen, während die sich aus Rationalisierungsgründen immer mehr durchsetzende Tendenz zum Fließbandarbeiten eine vollautomatische Fließband-Anlage zum Reinigen und Silikonisieren von Gläsern vorschreibt. Eine besondere Bedeutung hat dabei das sparsame Silikonisieren, d.h. der innere Überzug der Gläser mit einem dünnen Silikonfilm, der dieselben wasserabstoßend macht und somit die Forderung der Ärzteschaft auf restlose Entleerung der Gläser unter Vermeidung der bisher gebräuchlichen unwirtschaftlichen Überdosierung erfüllt.

Hier setzen unsere Entwicklungsarbeiten ein. Es wurde nach zahlreichen Vorversuchen und Ausführung von Hilfsmodellen eine allen Anforderungen der Praxis genügende Fließbandanlage für das Reinigen und Silikonisieren mit einer stündlichen Leistung von 12.000 - 18.000 Gläsern entwickelt. Die Entwicklungsarbeiten wurden fortgesetzt.

Beschreibung der Fließband-Anlage zum Reinigen und Silikonisieren von Antibiotica-Gläsern, Type RSL

Die Maschine arbeitet nach dem bereits von uns erprobten Prinzip der massenweisen Verarbeitung der Gläser, die im allgemeinen zu je 1oo Stück aufeinmal den einzelnen Operationen unterworfen werden; zu diesem Zweck werden die Gläser in Aufnahmekästen gesetzt, die dieselben auf genauen Abstand voneinander fixieren, derart, daß die Gläser mit ihren Öffnungen nach unten zeigen. Diese Kästen werden nacheinander über sogenannte Spritzsegmente gebracht, die mit einer mit der Anzahl der Gläser im Aufnahmekasten korrespondierenden Zahl von Düsenöffnungen versehen sind. Die

Forschungsberichte des Wirtschafts- und Verkehrsministeriums Nordrhein-Westfalen

Abbildung 22

Fließband-Anlage zum Reinigen und Silikonisieren von Antibiotica-Gläsern, Type RSL (Vorderansicht), stündliche Leistung: bis 18.000 Flaschen

Segmente bestehen vorzugsweise aus V4A-Material, um allen Wünschen auf Sterilisierbarkeit entsprechen zu können. Zur Beförderung der Kästen über die einzelnen Spritzsegmente wurde unter Vermeidung von Transportketten, die der Hebel-Vorschubbewegung gewählt. Diese bringt die Aufnahmekästen in rhytmischem Intervall über die einzelnen Spritzsegmente, wobei normalerweise das nacheinander folgende Ausspritzen mit Lauge (P3-Lösung), Frischwasser, destilliertem Wasser und zum Schluß mit Silikon-Emulsion zum Aufbringen des Silikonfilmes vorgesehen ist. Die genannten Medien werden bis auf das Frischwasser, das im allgemeinen nach dem Gebrauch abläuft, aus Rationalisierungsgründen umgepumpt und auf diese Weise wiederholt verwendet. Zu diesem Zweck ist jedes Ausspritzsegment mit einem Auffangbehälter mit zugehöriger Pumpstation versehen, in die das betreffende Medium abläuft,

Forschungsberichte des Wirtschafts- und Verkehrsministeriums Nordrhein-Westfalen

Abbildung 23

Fließband-Anlage zum Reinigen und Silikonisieren von Antibiotica-Gläsern, Type RSL (Seitenansicht), stündliche Leistung: bis 18.000 Flaschen

um aus dem Behälter wieder durch die Pumpe unter dem erforderlichen Druck von 1 - 4 atü in das Segment gedrückt werden. Die Behälter können mit Dampfschlange oder elektrischer Beheizung ausgestattet werden, um die Medien in warmen oder heißem Zustand anwenden zu können; zur leichten Reinigung und Beschickung sind die Behälter ausfahrbar eingerichtet. Die Gläser werden nach der Behandlung mit den einzelnen Medien durch Druckluft leergeblasen, um Reste der einzelnen Flüssigkeiten zu beseitigen. Auch weitere Medien, wie Essigsäure, Dampf etc. können Verwendung finden. Ebenso ist der Einbau von Trockenstationen möglich, wobei elektrisch erhitzte Luft bei etwa 250 Grad Celsius in die Gläser geblasen wird.

Der Arbeitsablauf ist somit folgender: Die mit Gläsern gefüllten Aufnahmekästen werden von der Bedienungsperson in den Eingang der Maschine gesetzt und anschließend von dem Vorschub erfaßt und über die einzelnen Spritzsegmente gebracht. Die Kästen werden nach Durchlauf durch die Maschine entweder von Hand oder mit Hilfe einer ebenfalls neu konstruierten

Umstülpvorrichtung entleert und die leeren Kästen auf einem außen an der Längsseite der Maschine befindlichen Gummitransportband zur Aufgabestelle zurückbefördert. Vor dem Transportband ist ein Auflegetisch angebracht, der zur Beschickung der leeren Aufnahmekästen mit Gläsern dient. Auch die mechanische Füllung der Kästen mit Gläsern ist mittels unserer Einfädelmaschine, Type FA, möglich. Die Behandlungsdauer der Gläser mit den einzelnen Medien wird durch Einstellung von Kurven, die leicht zugänglich außen an der Längsseite der Maschine gelagert sind, reguliert.

1. Bisherige Reinigungsmaschinen für kleine und mittlere Leistungen

Die bisherigen Vorrichtungen für die Reinigung von Antibiotica-Gläsern, die wir entwickelten und die unter I.1 und I.2 näher beschrieben sind, genügen nur für den Bedarf kleinerer und mittlerer Betriebe. Im Zuge der Entwicklung von Groß-Unternehmungen und des gewaltig anwachsenden Bedarfes an Antibiotica sowie unter dem Zwang der Rationalisierungs- und Verbilligungs-Bestrebungen, wurde die Konstruktion kontinuierlich arbeitender Anlagen mit stündlichen Leistungen von mindestens 12.000 Objekten erforderlich.

2. Lineare, vollautomatische Reinigungs-Anlage, Type RSL für Antibiotica-Gläser, für große Leistungen

Beschreibung

Die Aufnahmekästen, die 1oo Penicillinfläschchen fassen, werden bei a in den Eingang der Maschine gesetzt und hier von einem hin- und hergehenden Hebelwerk erfaßt und nach Passieren einer Leerstelle b nacheinander über die beiden Segmente c gebracht, wo das Ausspritzen mit heißer Lauge erfolgt. Die Lauge befindet sich in dem darunter befindlichen Behälter d und wird durch die Pumpe e unter einem Druck von 3 - 4 atü den Spritzdüsen der Segmente c zugeführt. Alsdann erfolgt der Weitertransport der Kästen über die 4 Segmente f, wo die Ausspritzung mit Frischwasser unter gleichzeitiger Bebrausung erfolgt. Das gebrauchte Wasser fließt aus der Wanne h ab. Nach Passieren der Leerstelle i, auf der das in den Fläschchen befindliche Wasser abtropfen kann, findet die Weiterbeförderung der Kästen zu dem Spritzsegment k statt, auf dem die Fläschchen mit destilliertem Wasser nachgespült werden. Das in die Wanne m ablaufende Wasser wird durch die Pumpe n der Brause g2 zugeführt und auf diese Weise ausgenutzt. Nach abermaligem Passieren einer Leerstelle o gelangen die Kästen über das Segment p, wo Silikon-Emulsion in die Flaschen gespritzt wird. Die Silikon-Flüssigkeit wird über den Behälter q und die Pumpe r immer aufs neue dem Segment zugeführt, bis sie ihren Silikongehalt an die Flaschenwandungen abgegeben hat. Auf der Leerstelle s haben die Flaschen Gelegenheit auszutropfen und so die überschüssige Silikonlösung in den Behälter q zurückzugeben. Die Konstruktion der Anlage gewährt somit einen äußerst sparsamen Betrieb. Die fertig silikonisierten Flaschen gelangen zum Schluß an den Ausgang der Maschine. Hier werden die Flaschen zur weiteren Bearbeitung aus den Kästen genommen. Die Kästen werden von der Bedienungsperson auf ein längs der Anlage laufendes Transportband gesetzt, das dieselben zum Eingang derselben zurückbringt. Ein vor dem Tranportband angebauter Packtisch ermöglicht die Neubeschickung der Kästen während des Transportes.

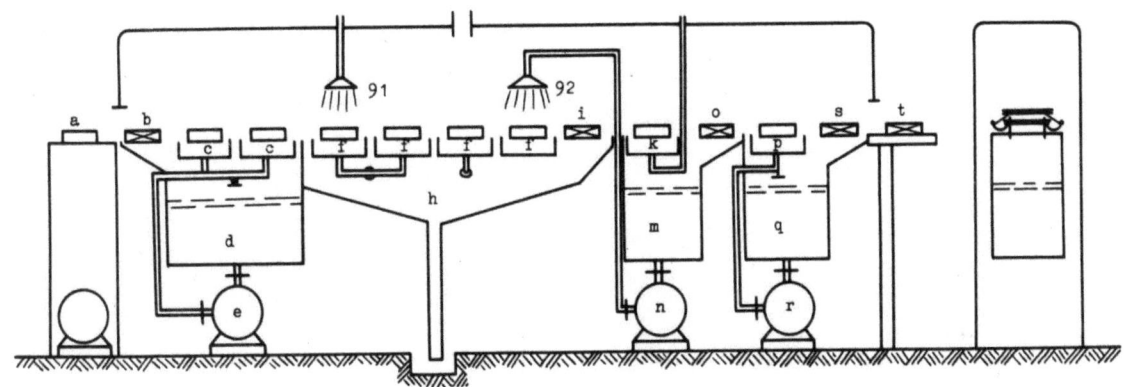

Abbildung 24
Schema der Type RSL

Zusammenfassung

Die entwickelte vollautomatische Reinigungs-Maschine, Type RSL, ermöglicht durch das Prinzip der massenweisen Behandlung der Gläser mit Hilfe von Aufnahmekästen und durch den taktmäßigen Transport der Kästen über die diversen, nebeneinander angeordneten Ausspritz- und Ausblas-Segmente sowie die automatische Zurückführung der entleerten Aufnahmekästen und ihre Neubeschickung während des Rücktransportes einen kontinuierlichen Arbeitsablauf, unter Beschränkung auf zwei Personen zur Bedienung der Anlage. Die Leistung ist entsprechend groß und beträgt je nach Länge der Anlage bis zu 18.000 Gläsern stündlich. Der lineare Bau gestattet ferner die Zwischenschaltung von weiteren Spritzsegmenten z.B. zur Silikonisierung der Gläser, sowie von Trocknungs- und Sterilisier-Stationen.

Die Behandlungszeiten sind für jedes Segment regelbar. Das stufenlose Getriebe erlaubt weitere Modifikationen in der Durchführung der Behandlungsweise.

          Dr. phil.rer.nat. W. BORNHEIM, Köln

FORSCHUNGSBERICHTE
DES WIRTSCHAFTS- UND VERKEHRSMINISTERIUMS
NORDRHEIN-WESTFALEN

Herausgegeben von Staatssekretär Prof. Leo Brandt

HEFT 1
Prof. Dr.-Ing. E. Flegler, Aachen
Untersuchungen oxydischer Ferromagnet-Werkstoffe
1952, 20 Seiten, DM 6,75

HEFT 2
Prof. Dr. W. Fuchs, Aachen
Untersuchungen über absatzfreie Teeröle
1952, 32 Seiten, 5 Abb., 6 Tabellen, DM 10,—

HEFT 3
Techn.-Wissenschaftl. Büro für die Bastfaserindustrie, Bielefeld
Untersuchungsarbeiten zur Verbesserung des Leinenwebstuhls
1952, 44 Seiten, 7 Abb., 3 Tabellen, DM 12,50

HEFT 4
Prof. Dr. E. A. Müller und Dipl.-Ing. H. Spitzer, Dortmund
Untersuchungen über die Hitzebelastung in Hüttebetrieben
1952, 28 Seiten, 5 Abb., 1 Tabelle, DM 9,—

HEFT 5
Dipl.-Ing. W. Fister, Aachen
Prüfstand der Turbinenuntersuchungen
1952, 40 Seiten, 30 Abb., 3 Schaltbilder, DM 1,—

HEFT 6
Prof. Dr. W. Fuchs, Aachen
Untersuchungen über die Zusammensetzung und Verwendbarkeit von Schwelteerfraktionen
1952, 36 Seiten, DM 10.50

HEFT 7
Prof. Dr. W. Fuchs, Aachen
Untersuchungen über emsländisches Petrolatum
1952, 36 Seiten, 1 Abb., 17 Tabellen, DM 10,50

HEFT 8
M. E. Meffert und H. Stratmann, Essen
Algen-Großkulturen im Sommer 1951
1953, 52 Seiten, 4 Abb., 20 Tabellen, DM 9,75

HEFT 9
Techn.-Wissenschaftl. Büro für die Bastfaserindustrie, Bielefeld
Untersuchungen über die zweckmäßige Wicklungsart von Leinengarnkreuzspulen unter Berücksichtigung der Anwendung hoher Geschwindigkeiten des Garnes
Vorversuche für Zetteln und Schären von Leinengarnen auf Hochleistungsmaschinen
1952, 48 Seiten, 7 Abb., 7 Tabellen, DM 9,25

HEFT 10
Prof. Dr. W. Vogel, Köln
„Das Streifenpaar" als neues System zur mechanischen Vergrößerung kleiner Verschiebungen und seine technischen Anwendungsmöglichkeiten
1953, 20 Seiten, 6 Abb., DM 4,50

HEFT 11
Laboratorium für Werkzeugmaschinen und Betriebslehre, Technische Hochschule Aachen
1. Untersuchungen über Metallbearbeitung im Fräsvorgang mit Hartmetallwerkzeugen und negativem Spanwinkel
2. Weiterentwicklung des Schleifverfahrens für die Herstellung von Präzisionswerkstücken unter Vermeidung hoher Temperaturen
3. Untersuchung von Oberflächenveredlungsverfahren zur Steigerung der Belastbarkeit hochbeanspruchter Bauteile
1953, 80 Seiten, 61 Abb., DM 15,75

HEFT 12
Elektrowärme-Institut, Langenberg (Rhld.)
Induktive Erwärmung mit Netzfrequenz
1952, 22 Seiten 6 Abb., DM 5,20

HEFT 13
Techn.-Wissenschaftl. Büro für die Bastfaserindustrie, Bielefeld
Das Naßspinnen von Bastfasergarnen mit chemischen Zusätzen zum Spinnbad
1953, 52 Seiten, 4 Abb., 19 Tabellen, DM 10,—

HEFT 14
Forschungsstelle für Acetylen, Dortmund
Untersuchungen über Aceton als Lösungsmittel für Acetylen
1952, 64 Seiten, 10 Abb., 26 Tabellen, DM 12,25

HEFT 15
Wäschereiforschung Krefeld
Trocknen von Wäschestoffen
1953, 48 Seiten, 14 Abb., 2 Tabellen, DM 9,—

HEFT 16
Max-Planck-Institut für Kohlenforschung, Mülheim a. d. Ruhr
Arbeiten des MPI für Kohlenforschung
1953, 104 Seiten, 9 Abb., DM 17,80

HEFT 17
Ingenieurbüro Herbert Stein, M.-Gladbach
Untersuchung der Verzugsvorgänge in den Streckwerken verschiedener Spinnereimaschinen. 1. Bericht: Vergleichende Prüfung mit verschiedenen Dickenmeßgeräten
1952, 36 Seiten, 15 Abb., DM 8,—

HEFT 18
Wäschereiforschung Krefeld
Grundlagen zur Erfassung der chemischen Schädigung beim Waschen
1953, 68 Seiten, 15 Abb., 15 Tabellen, DM 12,75

HEFT 19
Techn.-Wissenschaftl. Büro für die Bastfaserindustrie, Bielefeld
Die Auswirkung des Schlichtens von Leinengarnketten auf den Verarbeitungswirkungsgrad, sowie die Festigkeit und Dehnungsverhältnisse der Garne und Gewebe
1953, 48 Seiten, 1 Abb., 9 Tabellen, DM 9,—

HEFT 20
Techn.-Wissenschaftl. Büro für die Bastfaserindustrie, Bielefeld
Trocknung von Leinengarnen I
Vorgang und Einwirkung auf die Garnqualität
1953, 62 Seiten, 18 Abb., 5 Tabellen, DM 12,—

HEFT 21
Techn.-Wissenschaftl. Büro für die Bastfaserindustrie, Bielefeld
Trocknung von Leinengarnen II
Spulenanordnung und Luftführung beim Trocknen von Kreuzspulen
1953, 66 Seiten, 22 Abb., 9 Tabellen, DM 13,—

HEFT 22
Techn.-Wissenschaftl. Büro für die Bastfaserindustrie, Bielefeld
Die Reparaturanfälligkeit von Webstühlen
1953, 28 Seiten, 7 Abb., 5 Tabellen, DM 5,80

HEFT 23
Institut für Starkstromtechnik, Aachen
Rechnerische und experimentelle Untersuchungen zur Kenntnis der Metadyne als Umformer von konstanter Spannung auf konstanten Strom
1953, 52 Seiten, 20 Abb., 4 Tafeln, DM 9,75

HEFT 24
Institut für Starkstromtechnik, Aachen
Vergleich verschiedener Generator-Metadyne-Schaltungen in bezug auf statisches Verhalten
1952, 44 Seiten, 23 Abb., DM 8,50

HEFT 25
Gesellschaft für Kohlentechnik mbH., Dortmund-Eving
Struktur der Steinkohlen und Steinkohlen-Kokse
1953, 58 Seiten, DM 11,—

HEFT 26
Techn.-Wissenschaftl. Büro für die Bastfaserindustrie, Bielefeld
Vergleichende Untersuchungen zweier neuzeitlicher Ungleichmäßigkeitsprüfer für Bänder und Garne hinsichtlich ihrer Eignung für die Bastfaserspinnerei
1953, 64 Seiten, 30 Abb., DM 12,50

HEFT 27
Prof. Dr. E. Schratz, Münster
Untersuchungen zur Rentabilität des Arzneipflanzenanbaues Römische Kamille, Anthemis nobilis L.
1953, 16 Seiten, 1 Tabelle, DM 3,60

HEFT 28
Prof. Dr. E. Schratz, Münster
Calendula officinalis L. Studien zur Ernährung, Blütenfüllung und Rentabilität der Drogengewinnung
1953, 24 Seiten, 2 Abb., 3 Tabellen, DM 5,20

HEFT 29
Techn.-Wissenschaftl. Büro für die Bastfaserindustrie, Bielefeld
Die Ausnützung der Leinengarne in Geweben
1953, 100 Seiten, 14 Abb., 10 Tabellen, DM 17,80

HEFT 30
Gesellschaft für Kohlentechnik mbH., Dortmund-Eving
Kombinierte Entaschung und Verschwelung von Steinkohle; Aufarbeitung von Steinkohlenschlämmen zu verkokbarer oder verschwelbarer Kohle
1953, 56 Seiten, 16 Abb., 10 Tabellen, DM 10,50

HEFT 31
Dipl.-Ing. A. Stormanns, Essen
Messung des Leistungsbedarfs von Doppelsteg-Kettenförderern
1954, 54 Seiten, 18 Abb., 3 Anlagen, DM 11,—

HEFT 32
Techn.-Wissenschaftl. Büro für die Bastfaserindustrie, Bielefeld
Der Einfluß der Natriumchloridbleiche auf Qualität und Verwebbarkeit von Leinengarnen und die Eigenschaften der Leinengewebe unter besonderer Berücksichtigung des Einsatzes von Schützen- und Spulenwechselautomaten in der Leinenweberei
1953, 64 Seiten, 2 Abb., 12 Tabellen, DM 11,50

HEFT 33
Kohlenstoffbiologische Forschungsstation e. V.
Eine Methode zur Bestimmung von Schwefeldioxyd und Schwefelwasserstoff in Rauchgasen und in der Atmosphäre
1953, 32 Seiten, 8 Abb., 3 Tabellen, DM 6.50

HEFT 34
Textilforschungsanstalt Krefeld
Quellungs- und Entquellungsvorgänge bei Faserstoffen
1953, 52 Seiten, 13 Abb., 13 Tabellen, DM 9,80

WESTDEUTSCHER VERLAG · KÖLN UND OPLADEN

HEFT 35
Professor Dr. W. Kast, Krefeld
Feinstrukturuntersuchungen an künstlichen Zellulosefasern verschiedener Herstellungsverfahren.
Teil 1: Der Orientierungszustand
1953, 74 Seiten, 30 Abb., 7 Tabellen, DM 13,80

HEFT 36
Forschungsinstitut der feuerfesten Industrie, Bonn
Untersuchungen über die Trocknung von Rohton
Untersuchungen über die chemische Reinigung von Silika- und Schamotte-Rohstoffen mit chlorhaltigen Gasen
1953, 60 Seiten, 5 Abb., 5 Tabellen, DM 11,—

HEFT 37
Forschungsinstitut der feuerfesten Industrie, Bonn
Untersuchungen über den Einfluß der Probenvorbereitung auf die Kaltdruckfestigkeit feuerfester Steine
1953, 40 Seiten, 2 Abb., 5 Tabellen, DM 7,80

HEFT 38
Forschungsstelle für Acetylen, Dortmund
Untersuchungen über die Trocknung von Acetylen zur Herstellung von Dissousgas
1953, 36 Seiten, 11 Abb., 3 Tabellen, DM 6,80

HEFT 39
Forschungsgesellschaft Blechverarbeitung e. V., Düsseldorf
Untersuchungen an prägegemusterten und vorgelochten Blechen
1953, 46 Seiten, 34 Abb., DM 9,50

HEFT 40
Landesgeologe Dr.-Ing. W. Wolff, Amt für Bodenforschung, Krefeld
Untersuchungen über die Anwendbarkeit geophysikalischer Verfahren zur Untersuchung von Spateisengängen im Siegerland
1953, 46 Seiten, 8 Abb., DM 8,80

HEFT 41
Techn.-Wissenschaftl. Büro für die Bastfaserindustrie, Bielefeld
Untersuchungsarbeiten zur Verbesserung des Leinenwebstuhles II
1953, 40 Seiten, 4 Abb., 5 Tabellen, DM 7,80

HEFT 42
Professor Dr. B. Helferich, Bonn
Untersuchungen über Wirkstoffe — Fermente — in der Kartoffel und die Möglichkeit ihrer Verwendung
1953, 58 Seiten, 9 Abb., DM 11,—

HEFT 43
Forschungsgesellschaft Blechverarbeitung e. V., Düsseldorf
Forschungsergebnisse über das Beizen von Blechen
1953, 48 Seiten, 38 Abb., 2 Tabellen, DM 11,30

HEFT 44
Arbeitsgemeinschaft für praktische Dehnungsmessung, Düsseldorf
Eigenschaften und Anwendungen von Dehnungsmeßstreifen
1953, 68 Seiten, 43 Abb., 2 Tabellen, DM 13,70

HEFT 45
Losenhausenwerk Düsseldorfer Maschinenbau AG., Düsseldorf
Untersuchungen von störenden Einflüssen auf die Lastgrenzenanzeige von Dauerschwingprüfmaschinen
1953, 36 Seiten, 11 Abb., 3 Tabellen, DM 7,25

HEFT 46
Prof. Dr. W. Fuchs, Aachen
Untersuchungen über die Aufbereitung von Wasser für die Dampferzeugung in Benson-Kesseln
1953, 58 Seiten, 18 Abb., 9 Abb., DM 11,20

HEFT 47
Prof. Dr.-Ing. K. Krekeler, Aachen
Versuche über die Anwendung der induktiven Erwärmung zum Sintern von hochschmelzenden Metallen sowie zur Anlegierung und Vergütung von aufgespritzten Metallschichten mit dem Grundwerkstoff
1954, 66 Seiten, 39 Abb., DM 13,90

HEFT 48
Max-Planck-Institut für Eisenforschung, Düsseldorf
Spektrochemische Analyse der Gefügebestandteile in Stählen nach ihrer Isolierung
1953, 38 Seiten, 8 Abb., 5 Tabellen, DM 7,80

HEFT 49
Max-Planck-Institut für Eisenforschung, Düsseldorf
Untersuchungen über Ablauf der Desoxydation und die Bildung von Einschlüssen in Stählen
1953, 52 Seiten, 19 Abb., 3 Tabellen, DM 12,40

HEFT 50
Max-Planck-Institut für Eisenforschung, Düsseldorf
Flammenspektralanalytische Untersuchung der Ferritzusammensetzung in Stählen
1953, 44 Seiten, 15 Abb., 4 Tabellen, DM 8,60

HEFT 51
Verein zur Förderung von Forschungs- und Entwicklungsarbeiten in der Werkzeugindustrie e. V., Remscheid
Untersuchungen an Kreissägeblättern für Holz, Fehler- und Spannungsprüfverfahren
1953, 50 Seiten, 23 Abb., DM 10,—

HEFT 52
Forschungsstelle für Acetylen, Dortmund
Untersuchungen über den Umsatz bei der explosiblen Zersetzung von Azetylen
a) Zersetzung von gasförmigem Azetylen
b) Zersetzung von an Silikagel adsorbiertem Azetylen
1954, 48 Seiten, 8 Abb., 10 Tabellen, DM 9,25

HEFT 53
Professor Dr.-Ing. H. Opitz, Aachen
Reibwert und Verschleißmessungen an Kunststoffgleitführungen für Werkzeugmaschinen
1954, 38 Seiten, 18 Abb., DM 8,20

HEFT 54
Professor Dr.-Ing. F. A. F. Schmidt, Aachen
Schaffung von Grundlagen für die Erhöhung der spez. Leistung und Herabsetzung des spez. Brennstoffverbrauches bei Ottomotoren mit Teilbericht über Arbeiten an einem neuen Einspritzverfahren
1954, 34 Seiten, 15 Abb., DM 7,40

HEFT 55
Forschungsgesellschaft Blechverarbeitung e. V. Düsseldorf
Chemisches Glänzen von Messing und Neusilber
1954, 50 Seiten, 21 Abb., 1 Tabelle, DM 10,20

HEFT 56
Forschungsgesellschaft Blechverarbeitung e. V., Düsseldorf
Untersuchungen über einige Probleme der Behandlung von Blechoberflächen
1954, 52 Seiten, 42 Abb., DM 11,20

HEFT 57
Prof. Dr.-Ing. F. A. F. Schmidt, Aachen
Untersuchungen zur Erforschung des Einflusses des chemischen Aufbaues des Kraftstoffes auf sein Verhalten im Motor und in Brennkammern von Gasturbinen
1954, 70 Seiten, 32 Abb., DM 14,60

HEFT 58
Gesellschaft für Kohlentechnik mbH., Dortmund
Herstellung und Untersuchung von Steinkohlenschwelteer
1954, 74 Seiten, 9 Abb., 9 Tabellen, DM 13,75

HEFT 59
Forschungsinstitut der Feuerfest-Industrie e. V., Bonn
Ein Schnellanalysenverfahren zur Bestimmung von Aluminiumoxyd, Eisenoxyd und Titanoxyd in feuerfestem Material mittels organischer Farbreagenzien auf photometrischem Wege
Untersuchungen des Alkali-Gehaltes feuerfester Stoffe mit dem Flammenphotometer nach Riehm-Lange
1954, 62 Seiten, 12 Abb., 3 Tabellen, DM 11,60

HEFT 60
Forschungsgesellschaft Blechverarbeitung e. V., Düsseldorf
Untersuchungen über das Spritzlackieren im elektrostatischen Hochspannungsfeld
1954, 82 Seiten, 53 Abb., 7 Tabellen, DM 17,—

HEFT 61
Verein zur Förderung von Forschungs- und Entwicklungsarbeiten in der Werkzeugindustrie e. V., Remscheid
Schwingungs- und Arbeitsverhalten von Kreissägeblättern für Holz
1954, 54 Seiten, 31 Abb., DM 11,40

HEFT 62
Professor Dr. W. Franz, Institut für theoretische Physik der Universität Münster
Berechnung des elektrischen Durchschlags durch feste und flüssige Isolatoren
1954, 36 Seiten, DM 7,—

HEFT 63
Textilforschungsanstalt Krefeld
Neue Methoden zur Untersuchung der Wirkungsweise von Textilhilfsmitteln
Untersuchungen über Schlichtungs- und Entschlichtungsvorgänge
1954, 34 Seiten, 1 Abb., 5 Tabellen, DM 6,80

HEFT 64
Textilforschungsanstalt Krefeld
Die Kettenlängenverteilung von hochpolymeren Faserstoffen
Über die fraktionierte Fällung von Polyamiden
1954, 44 Seiten, 13 Abb., DM 8,60

HEFT 65
Fachverband Schneidwarenindustrie, Solingen
Untersuchungen über das elektrolytische Polieren von Tafelmesserklingen aus rostfreiem Stahl
1954, 90 Seiten, 38 Abb., 9 Tabellen, DM 17,35

HEFT 66
Dr.-Ing. P. Füsgen VDI †, Düsseldorf
Untersuchungen über das Auftreten des Ratterns bei selbsthemmenden Schneckengetrieben und seine Verhütung
1954, 32 Seiten, 5 Abb., DM 6,60

HEFT 67
Heinrich Wösthoff o. H. G., Apparatebau, Bochum
Entwicklung einer chemisch-physikalischen Apparatur zur Bestimmung kleinster Kohlenoxyd-Konzentrationen
1954, 94 Seiten, 48 Abb., 2 Tabellen, DM 18,25

HEFT 68
Kohlenstoffbiologische Forschungsstation e. V., Essen
Algengroßkulturen im Sommer 1952
II. Über die unsterile Großkultur von Scenedesmus obliquus
1954, 62 Seiten, 3 Abb., 29 Tabellen, DM 11,40

HEFT 69
Wäschereiforschung Krefeld
Bestimmung des Faserabbaues bei Leinen unter besonderer Berücksichtigung der Leinengarnbleiche
1954, 48 Seiten, 15 Abb., 3 Tabellen, DM 9,60

HEFT 70
Wäschereiforschung Krefeld
Trocknen von Wäschestoffen
1954, 52 Seiten, 18 Abb., 3 Tabellen, DM 10,—

HEFT 71
Prof. Dr.-Ing. K. Leist, Aachen
Kleingasturbinen, insbesondere zum Fahrzeugantrieb
1954, 114 Seiten, 85 Abb., DM 22,—

HEFT 72
Prof. Dr.-Ing. K. Leist, Aachen
Beitrag zur Untersuchung von stehenden geraden Turbinengittern mit Hilfe von Druckverteilungsmessungen
1954, 152 Seiten, 111 Abb., DM 36,20

HEFT 73
Prof. Dr.-Ing. K. Leist, Aachen
Spannungsoptische Untersuchungen von Turbinenschaufelfüßen
1954, 66 Seiten, 46 Abb., 2 Tabellen, DM 14,60

HEFT 74
Max-Planck-Institut für Eisenforschung, Düsseldorf
Versuche zur Klärung des Umwandlungsverhaltens eines sonderkarbidbildenden Chromstahls
1954, 58 Seiten, 10 Abb., DM 14,—

HEFT 75
Max-Planck-Institut für Eisenforschung, Düsseldorf
Zeit-Temperatur-Umwandlungs-Schaubilder als Grundlage für die Wärmebehandlung der Stähle
1954, 44 Seiten, 13 Abb., DM 8,70

HEFT 76
Max-Planck-Institut für Arbeitsphysiologie, Dortmund
Arbeitstechnische und arbeitsphysiologische Rationalisierung von Mauersteinen
1954, 52 Seiten, 12 Abb., 3 Tabellen, DM 10,20

HEFT 77
Meteor Apparatebau Paul Schmeck GmbH., Siegen
Entwicklung von Leuchtstoffröhren hoher Leistung
1954, 46 Seiten, 12 Abb., 2 Tabellen, DM 9,15

HEFT 78
Forschungsstelle für Acetylen, Dortmund
Über die Zustandsgleichung des gasförmigen Acetylens und das Gleichgewicht Acetylen — Aceton
1954, 42 Seiten, 3 Abb., 8 Tabellen, DM 8,—

HEFT 79
Techn.-Wissenschaftl. Büro für die Bastfaserindustrie, Bielefeld
Trocknung von Leinengarnen III
Spinnspulen- und Spinnkopstrocknung
Vorgang und Einwirkung auf die Garnqualität
1954, 74 Seiten, 18 Abb., 10 Tabellen, DM 14,—

WESTDEUTSCHER VERLAG · KÖLN UND OPLADEN

HEFT 80
Techn.-Wissenschaftl. Büro für die Bastfaserindustrie, Bielefeld
Die Verarbeitung von Leinengarn auf Webstühlen mit und ohne Oberbau
1954, 30 Seiten, 2 Abb., 2 Tabellen, DM 6,—

HEFT 81
Prüf- und Forschungsinstitut für Ziegeleierzeugnisse, Essen-Kray
Die Einführung des großformatigen Einheits-Gitterziegels im Lande Nordrhein-Westfalen
1954, 54 Seiten, 2 Abb., 2 Tabellen, DM 10,—

HEFT 82
Vereinigte Aluminium-Werke AG., Bonn
Forschungsarbeiten auf dem Gebiet der Veredelung von Aluminium-Oberflächen
1954, 46 Seiten, 34 Abb., DM 9,60

HEFT 83
Prof. Dr. S. Strugger, Münster
Über die Struktur der Proplastiden
1954, 30 Seiten, 15 Abb., DM 8,40

HEFT 84
Dr. H. Baron, Düsseldorf
Über Standardisierung von Wundtextilien
1954, 32 Seiten, DM 6,40

HEFT 85
Textilforschungsanstalt Krefeld
Physikalische Untersuchungen an Fasern, Fäden, Garnen und Geweben:
Untersuchungen am Knickscheuergerät nach Weltzien
1954, 40 Seiten, 11 Abb., 8 Tabellen, DM 10,—

HEFT 86
Prof. Dr.-Ing. H. Opitz, Aachen
Untersuchungen über das Fräsen von Baustahl sowie über den Einfluß des Gefüges auf die Zerspanbarkeit
1954, 108 Seiten, 73 Abb., 7 Tabellen, DM 22,—

HEFT 87
Gemeinschaftsausschuß Verzinken, Düsseldorf
Untersuchungen über Güte von Verzinkungen
1954, 68 Seiten, 56 Abb., 3 Tabellen, DM 15,30

HEFT 88
Gesellschaft für Kohlentechnik mbH., Dortmund-Eving
Oxydation von Steinkohle mit Salpetersäure
1954, 62 Seiten, 2 Abb., 1 Tabelle, DM 11,50

HEFT 89
Verein Deutscher Ingenieure, Gleitlagerforschung, Düsseldorf
und Prof. Dr.-Ing. G. Vogelpohl, Göttingen
Versuche mit Preßstoff-Lagern für Walzwerke
1954, 70 Seiten, 34 Abb., DM 14,10

HEFT 90
Forschungs-Institut der Feuerfest-Industrie, Bonn
Das Verhalten von Silikasteinen im Siemens-Martin-Ofengewölbe
1954, 62 Seiten, 15 Abb., 11 Tabellen, DM 11,90

HEFT 91
Forschungs-Institut der Feuerfest-Industrie, Bonn
Untersuchungen des Zusammenhangs zwischen Leistung und Kohlenverbrauch von Kammeröfen zum Brennen von feuerfesten Materialien
1954, 42 Seiten, 6 Abb., DM 8,30

HEFT 92
Techn.-Wissenschaftl. Büro für die Bastfaserindustrie, Bielefeld
und Laboratorium für textile Meßtechnik, M.-Gladbach
Messungen von Vorgängen am Webstuhl
1954, 76 Seiten, 45 Abb., DM 15,50

HEFT 93
Prof. Dr. W. Kast, Krefeld
Spinnversuche zur Strukturerfassung künstlicher Zellulosefasern
1954, 82 Seiten, 39 Abb., 6 Tabellen, DM 16,—

HEFT 94
Prof. Dr. G. Winter, Bonn
Die Heilpflanzen des MATTHIOLUS (1611) gegen Infektionen der Harnwege und Verunreinigung der Wunden bzw. zur Förderung der Wundheilung im Lichte der Antibiotikaforschung
1954, 58 Seiten, 1 Abb., 2 Tabellen, DM 11,50

HEFT 95
Prof. Dr. G. Winter, Bonn
Untersuchungen über die flüchtigen Antibiotika aus der Kapuziner- (Tropaeolum maius) und Gartenkresse (Lepidium sativum) und ihr Verhalten im menschlichen Körper bei Aufnahme von Kapuziner- bzw. Gartenkressensalat per os
1955, 74 Seiten, 9 Abb., 25 Tabellen, DM 14,—

HEFT 96
Dr.-Ing. P. Koch, Dortmund
Austritt von Exoelektronen aus Metalloberflächen unter Berücksichtigung der Verwendung des Effektes für die Materialprüfung
1954, 34 Seiten, 13 Abb., DM 7,—

HEFT 97
Ing. H. Stein, Laboratorium für textile Meßtechnik, M.-Gladbach
Untersuchung der Verzugsvorgänge an den Streckwerken verschiedener Spinnereimaschinen
2. Bericht: Ermittlung der Haft-Gleiteigenschaften von Faserbändern und Vorgarnen
1955, 98 Seiten, 54 Abb., DM 21,—

HEFT 98
Fachverband Gesenkschmieden, Hagen
Die Arbeitsgenauigkeit beim Gesenkschmieden unter Hämmern
1955, 132 Seiten, 55 Abb., 9 Tabellen, DM 24,75

HEFT 99
Prof. Dr.-Ing. G. Garbotz, Aachen
Der Kraft- und Arbeitsaufwand sowie die Leistungen beim Biegen von Bewehrungsstählen in Abhängigkeit von den Abmessungen, den Formen und der Güte der Stähle (Ermittlung von Leistungsrichtlinien)
1955, 136 Seiten, 53 Abb., 3 Anlagen, 18 Tabellen, DM 30,—

HEFT 100
Prof. Dr.-Ing. H. Opitz, Aachen
Untersuchungen von elektrischen Antrieben, Steuerungen und Regelungen an Werkzeugmaschinen
1955, 166 Seiten, 71 Abb., 3 Tabellen, DM 31,30

HEFT 101
Prof. Dr.-Ing. H. Opitz, Aachen
Wirtschaftlichkeitsbetrachtungen beim Außenrundschleifen
1955, 100 Seiten, 56 Abb., 3 Tabellen, DM 19,30

HEFT 102
Dr. P. Hölemann, Ing. R. Hasselmann und Ing. G. Dix, Dortmund
Untersuchungen über die thermische Zündung von explosiblen Acetylenzersetzungen in Kapillaren
1954, 44 Seiten, 5 Abb., 4 Tabellen, DM 8,60

HEFT 103
Prof. Dr. W. Weizel, Bonn
Durchführung von experimentellen Untersuchungen über den zeitlichen Ablauf von Funken in komprimierten Edelgasen sowie zu deren mathematischen Berechnung
1955, 46 Seiten, 12 Abb., DM 9,10

HEFT 104
Prof. Dr. W. Weizel, Bonn
Über den Einfluß der Elektroden auf die Eigenschaften von Cadmium-Sulfid-Widerstands-Photozellen
1955, 48 Seiten, 12 Abb., DM 9,45

HEFT 105
Dr.-Ing. R. Meldau, Harsewinkel/Westf.
Auswertung von Gekörn — Analysen des Musterstaubes „Flugasche Fortuna I"
1955, 42 Seiten, 14 Abb., DM 8,50

HEFT 106
ORR. Dr.-Ing. W. Küch, Dortmund
Untersuchungen über die Einwirkung von feuchtigkeitsgesättigter Luft auf die Festigkeit von Leimverbindungen
1954, 60 Seiten, 10 Abb., 6 Tabellen, DM 11,40

HEFT 107
Prof. Dr H. Lange und Dipl.-Phys. P. St. Pütter, Köln
Über die Konstruktion von Laboratoriumsmagneten
1955, 66 Seiten, 19 Abb., 1 Tabelle, DM 12,30

HEFT 108
Prof. Dr. W. Fuchs, Aachen
Untersuchungen über neue Beizmethoden und Beizabwässer
I. Die Entzunderung von Drähten mit Natriumhydrid
II. Die Aufbereitung von Beizabwässern
1955, 82 Seiten, 15 Abb., 14 Tabellen, 1 Falttafel, DM 15,25

HEFT 109
Dr. P. Hölemann und Ing. R. Hasselmann, Dortmund
Untersuchungen über die Löslichkeit von Azetylen in verschiedenen organischen Lösungsmitteln
1954, 42 Seiten, 10 Abb., 8 Tabellen, DM 8,30

HEFT 110
Dr. P. Hölemann und Ing. R. Hasselmann, Dortmund
Untersuchungen über den Druckverlauf bei der explosiblen Zersetzung von gasförmigem Azetylen
1955, 54 Seiten, 10 Abb., 5 Tabellen, DM 11,—

HEFT 111
Fachverband Steinzeugindustrie, Köln
Die Entwicklung eines Gerätes zur Beschickung seitlicher Feuer von Steinzeug-Einzelkammeröfen mit festen Brennstoffen
1955, 46 Seiten, 16 Abb., DM 9,40

HEFT 112
Prof. Dr.-Ing. H. Opitz, Aachen
Verschleißmessungen beim Drehen mit aktivierten Hartmetallwerkzeugen
1954, 44 Seiten, 17 Abb., 6 Tabellen, DM 8,80

HEFT 113
Prof. Dr. O. Graf, Dortmund
Erforschung der geistigen Ermüdung und nervösen Belastung: Studien über die vegetative 24-Stunden-Rhythmik in Ruhe und unter Belastung
1955, 40 Seiten, 12 Abb., DM 8,20

HEFT 114
Prof. Dr. O. Graf, Dortmund
Studien über Fließarbeitsprobleme an einer praxisnahen Experimentieranlage
1954, 34 Seiten, 6 Abb., DM 7,—

HEFT 115
Prof. Dr. O. Graf, Dortmund
Studium über Arbeitspausen in Betrieben bei freier und zeitgebundener Arbeit (Fließarbeit) und ihre Auswirkung auf die Leistungsfähigkeit
1955, 50 Seiten, 13 Abb., 2 Tabellen, DM 9,80

HEFT 116
Prof. Dr.-Ing. E. Siebel und Dr.-Ing. H. Weiss, Stuttgart
Untersuchungen an einigen Problemen des Tiefziehens — I. Teil
1955, 74 Seiten, 50 Abb., 5 Tabellen, DM 14,50

HEFT 117
Dr.-Ing. H. Beißwänger, Stuttgart, und Dr.-Ing. S. Schwandt, Trier
Untersuchungen an einigen Problemen des Tiefziehens — II. Teil
1955, 92 Seiten, 34 Abb., 8 Tabellen, DM 17,70

HEFT 118
Prof. Dr. E. A. Müller und Dr. H. G. Wenzel, Dortmund
Neuartige Klima-Anlage zur Erzeugung ungleicher Luft- und Strahlungstemperaturen in einem Versuchsraum
1955, 68 Seiten, 10 z. T. mehrfarb. Abb., DM 14,—

HEFT 119
Dr.-Ing. O. Viertel, Krefeld
Wäscherei- und energietechnische Untersuchung einer Gemeinschafts-Waschanlage
1955, 50 Seiten, 18 Abb., DM 10,20

HEFT 120
Dipl.-Ing. A. Weisbecker, Lüdenscheid
Über Anfressung an Reinstaluminium-Schweißnähten bei der elektrolytischen Oxydation
Gebr. Hörstermann GmbH., Velbert
Entwicklung und Erprobung eines neuartigen Gummibandförderers
1955, 46 Seiten, 18 Abb., DM 9,70

HEFT 121
Dr. H. Krebs, Bonn
I. Die Struktur und die Eigenschaften der Halbmetalle
II. Die Bestimmung der Atomverteilung in amorphen Substanzen
III. Die chemische Bindung in anorganischen Festkörpern und das Entstehen metallischer Eigenschaften
1955, 124 Seiten, 36 Abb., 13 Tabellen, DM 22,90

HEFT 122
Prof. Dr. W. Fuchs, Aachen
Untersuchungen zur Verbesserung der Wasseraufbereitung und Wasseranalyse:
Über die Schnellbewertung von Ionenaustauscher
1955, 62 Seiten, 32 Abb., DM 12,30

HEFT 123
Dipl.-Ing. J. Emondts, Aachen
Über Bodenverformungen bei stark gestörtem und mächtigem, wasserführendem Deckgebirge im Aachener Steinkohlengebiet
1955, 196 Seiten, 37 Abb., 10 Tabellen, DM 28,80

HEFT 124
Prof. Dr. R. Seyffert, Köln
Wege und Kosten der Distribution der Hausratwaren im Lande Nordrhein-Westfalen
1955, 74 Seiten, 25 Tabellen, DM 9,—

WESTDEUTSCHER VERLAG · KÖLN UND OPLADEN

HEFT 125
Prof. Dr. E. Kappler, Münster
Eine neue Methode zur Bestimmung von Kondensations-Koeffizienten von Wasser
1955, 46 Seiten, 11 Abb., 1 Tabelle, DM 9,10

HEFT 126
Prof. Dr.-Ing. J. Mathieu, Aachen
Arbeitszeitvergleich
Grundlagen, Methodik u. praktische Durchführung
1955, 70 Seiten, DM 13,—

HEFT 127
Güteschutz Betonstein e. V.,
Arbeitskreis Nordrhein-Westfalen, Dortmund
Die Betonwaren-Gütesicherung im Lande Nordrhein-Westfalen
1955, 58 Seiten, 15 Abb., 3 Tabellen, DM 11,50

HEFT 128
Prof. Dr. O. Schmitz-DuMont, Bonn
Untersuchungen über Reaktionen in flüssigem Ammoniak
1955, 96 Seiten, 11 Abb., 6 Tabellen, DM 17,75

HEFT 129
Prof. Dr.-Ing. J. Mathieu und Dr. C. A. Roos, Aachen
Die Anlernung von Industriearbeitern
I. Ergebnisse einer grundsätzlichen Untersuchung der gegenwärtigen Industriearbeiter-Kurzanlernung
1955, 106 Seiten, DM 19,70

HEFT 130
Prof. Dr.-Ing. J. Mathieu und Dr. C. A. Roos, Aachen
Die Anlernung von Industriearbeitern
II. Beiträge zur Methodenfrage der Kurzanlernung
1955, 108 Seiten, DM 19,90

HEFT 131
Dr. W. Hoerburger, Köln
Versuche zur Biosynthese von Eiweiß aus Kohlenwasserstoff
1955, 34 Seiten, 2 Abb., DM 6,90

HEFT 132
Prof. Dr. W. Seith, Münster
Über Diffusionserscheinungen in festen Metallen
1955, 42 Seiten, 19 Abb., 4 Tabellen, DM 9,10

HEFT 133
Prof. Dr. E. Jenckel, Aachen
Über einen für Schwermetalle selektiven Ionenaustauscher
1955, 48 Seiten, 8 Abb., 13 Tabellen, DM 9,50

HEFT 134
Prof. Dr.-Ing. H. Winterhager, Aachen
Über die elektrochemischen Grundlagen der Schmelzfluß-Elektrolyse von Bleisulfid in geschmolzenen Mischungen mit Bleichlorid
1955, 54 Seiten, 20 Abb., 5 Tabellen, DM 11,80

HEFT 135
Prof. Dr.-Ing. K. Krekeler und Dr.-Ing. H. Peukert, Aachen
Die Änderung der mechanischen Eigenschaften thermoplastischer Kunststoffe durch Warmrecken
1955, 54 Seiten, 27 Abb., DM 11,10

HEFT 136
Dipl.-Phys. P. Pilz, Remscheid
Über spezielle Probleme der Zerkleinerungstechnik von Weichstoffen
1955, 58 Seiten, 19 Abb., 2 Tabellen, DM 11,50

HEFT 137
Prof. Dr. W. Baumeister, Münster
Beiträge zur Mineralstoffernährung der Pflanzen
1955, 64 Seiten, 6 Tabellen, DM 11,80

HEFT 138
Dr. P. Hölemann und Ing. R. Hasselmann, Dortmund
Untersuchungen über die Zersetzungswärme von gasförmigem und in Azeton gelöstem Azetylen
1955, 54 Seiten, 8 Abb., 7 Tabellen, DM 10,40

HEFT 139
Prof. Dr. W. Fuchs, Aachen
Studien über die thermische Zersetzung der Kohle und die Kohlendestillatprodukte
1955, 64 Seiten, 20 Abb., 22 Tabellen, DM 11,80

HEFT 140
Dr.-Ing. G. Hausberg, Essen
Modellversuche an Zyklonen
1955, 78 Seiten, 24 Abb., DM 15,70

HEFT 141
Dr. J. van Calker und Dr. R. Wienecke, Münster
Untersuchungen über den Einfluß dritter Analysenpartner auf die spektrochemische Analyse
1955, 42 Seiten, 15 Abb., DM 9,10

HEFT 142
Dipl.-Ing. G. M. F. Wiebel, Hannover, A. Konermann und A. Ottenheym, Sennelager
Entwicklung eines Kalksandleichtsteines
1955, 38 Seiten, 4 Abb., DM 8,—

HEFT 143
Prof. Dr. F. Wever, Dr. A. Rose und Dipl.-Ing. W. Straßburg, Düsseldorf
Härtbarkeit u. Umwandlungsverhalten der Stähle
1955, 50 Seiten, 12 Abb., 3 Tabellen, DM 10,70

HEFT 144
Prof. Dr. H. Wurmbach, Bonn
Steuerung von Wachstum und Formbildung
1955, 48 Seiten, 19 Abb., DM 10,30

HEFT 145
Dr. G. Hennemann, Werdohl (Westf.)
Beitrag zur Interpretation der modernen Atomphysik
1955, 34 Seiten, DM 10,—

HEFT 146
Dr.-Ing. F. Gruß, Düsseldorf
Sterilisation mit Heißluft
1955, 34 Seiten, 10 Abb., DM 7.70

HEFT 147
Dr.-Ing. W. Rudisch, Unna
Untersuchung einer drehelastischen Elektromagnet-Synchronkupplung
1955, 82 Seiten, 65 Abb., DM 17,70

HEFT 148
Prof. Dr. H. Bittel u. Dipl.-Phys. L. Storm, Münster
Untersuchungen über Widerstandsrauschen
1955, 40 Seiten, 5 Abb., DM 8,40

HEFT 149
Dipl.-Ing. K. Konopicky und Dipl.-Chem. P. Kampa, Bonn
I. Beitrag zur flammenphotometrischen Bestimmung des Calciums.
Dr.-Ing. K. Konopicky, Bonn
II. Die Wanderung von Schlackenbestandteilen in feuerfesten Baustoffen
1955, 54 Seiten, 10 Abb., 5 Tabellen, DM 11,—

HEFT 150
Prof. Dr.-Ing. O. Kienzle und Dipl.-Ing. W. Timmerbeil, Hannover
Das Durchziehen enger Kragen an ebenen Fein- und Mittelblechen
1955, 52 Seiten, 20 Abb., 8 Tabellen, DM 11,30

HEFT 151
Dipl.-Ing. P. Karabasch, Aachen
Feststellung des optimalen Gasgehaltes von Bronzen zur Erzielung druckdichter Gußstücke
in Vorbereitung

HEFT 152
Dipl.-Ing. G. Müller, Köln
Ermittlung der Laufeigenschaften (Vergießbarkeit) von Bronze und Rotguß mittels der Schneider-Gießspirale
1955, 60 Seiten, 33 Abb., DM 13,30

HEFT 153
Prof. Dr. F. Wever, Dr.-Ing. W. A. Fischer und Dipl.-Ing. J. Engelbrecht, Düsseldorf
I. Die Reduktion sauerstoffhaltiger Eisenschmelzen im Hochvakuum mit Wasserstoff und Kohlenstoff
II. Einfluß geringer Sauerstoffgehalte auf das Gefüge und Alterungsverhalten von Reineisen
1955, 54 Seiten, 15 Abb., 2 Tabellen, DM 12,40

HEFT 154
Prof. Dr.-Ing. P. Bardenheuer und Dr.-Ing. W. A. Fischer, Düsseldorf
Die Verschlackung von Titan aus Stahlschmelzen im sauren und basischen Hochfrequenzofen unter verschiedenen Schlacken
1955, 36 Seiten, 10 Abb., 1 Tabelle, DM 7,95

HEFT 155
Dipl.-Phys. K. H. Schirmer, München
Die auf Grau abgestimmte Farbwiedergabe im Dreifarbenbuchdruck
1955, 46 Seiten, 17 Abb., 2 Farbtafeln, DM. 10,—

HEFT 156
Prof. Dr.-Ing. B. von Borries und Mitarbeiter, Düsseldorf
Die Entwicklung regelbarer permanentmagnetischer Elektronenlinsen hoher Brechkraft und eines mit ihnen ausgerüsteten Elektronenmikroskopes neuer Bauart
in Vorbereitung

HEFT 157
Dr. W. Jawtusch, Dr. G. Schuster und Prof. Dr.-Ing. R. Jaeckel, Bonn
Untersuchungen über die Stoßvorgänge zwischen neutralen Atomen und Molekülen
1955, 48 Seiten, 15 Abb., 3 Tabellen, DM 10,50

HEFT 158
Dipl.-Ing. W. Rosenkranz, Meinerzhagen
Ein Beitrag zum Problem der Spannungskorrosion bei Preßprofilen und Preßteilen aus Aluminium-Legierungen
in Vorbereitung

HEFT 159
Dr.-Ing. O. Viertel und O. Oldenroth, Krefeld
Das Bleichen von Weißwäsche mit Wasserstoffsuperoxyd bzw. Natriumhypochlorit beim maschinellen Waschen
1955, 54 Seiten, 23 Abb., 2 Tabellen, DM 11,45

HEFT 160
Prof. Dr. W. Klemm, Münster
Über neue Sauerstoff- und Fluor-haltige Komplexe
1955, 50 Seiten, 13 Abb., 7 Tabellen, DM 10,80

HEFT 161
Prof. Dr. W. Weltzien und Dr. G. Hauschild, Krefeld
Über Silikone und ihre Anwendung in der Textilveredlung
1935, 162 Seiten, 22 Abb., 10 Tabellen, DM 27,—

HEFT 162
Prof. Dr. F. Wever, Prof. Dr. A. Kochendörfer und Dr.-Ing. Chr. Rohrbach, Düsseldorf
Kennzeichnung der Sprödbruchneigung von Stählen durch Messung der Fließspannung, Reißspannung und Brucheinschnürung an dreiachsig beanspruchten Proben
1955, 58 Seiten, 26 Abb., DM 13,—

HEFT 163
Dipl.-Ing. W. Rohs und Text.-Ing. H. Griese, Bielefeld
Untersuchungsarbeiten zur Verbesserung des Leinenwebstuhls III
1955, 80 Seiten, 15 Abb., 18 Tabellen, DM 15,80

HEFT 164
Dr.-Ing. H. Schmachtenberg, Köln
Neuartige Prüfeinrichtungen für Kraftfahrzeuge
1955, 44 Seiten, 23 Abb., DM 9,60

HEFT 165
Dr.-Ing. W. Wilhelm, Aachen
Instationäre Gasströmung im Auspuffsystem eines Zweitaktmotors
1955, 62 Seiten, 31 Abb., 8 Tabellen, DM 13,60

HEFT 166
Prof. Dr. M. v. Stackelberg, Dr. H. Heindze, Dr. H. Hübschke und Dr. K. H. Frangen, Bonn
Kolloidchemische Untersuchungen
1955, 106 Seiten, 8 Abb., 13 Tabellen, DM 21,25

HEFT 167
Prof. Dr.-Ing. F. Schuster, Essen
I. Über die Heißkarburierung von Brenngasen mit Ölen und Teeren
II. Strahlungsvorgänge in brennstoffbeheizten Öfen bei verschiedenen Verbrennungsatmosphären
1955, 38 Seiten, 8 Abb., DM 8,30

HEFT 168
Prof. Dr.-Ing. F. Schuster, Essen
I. Luftvorwärmung an Gasfeuerungen
II. Heizwerthöhe von Brenngasen und Wirkungsgrad sowie Gasverbrauch bei der Gasverwendung
III. Sauerstoffangereicherte Luft und feuerungstechnische Kenngrößen von Brenngasen
1955, 60 Seiten, 18 Abb., DM 12,50

HEFT 169
Forschungsinstitut für Pigmente und Lacke, Stuttgart
Arbeiten über die Bestimmung des Gebrauchswertes von Lackfilmen durch physikalische Prüfungen
1955, 70 Seiten, 23 Abb., 4 Tabellen, DM 15,—

HEFT 170
Prof. Dr. F. Wever, Dr. A. Rose und Dipl.-Ing. L. Rademacher, Düsseldorf
Anwendung der Umwandlungsschaubilder auf Fragen der Werkstoffauswahl beim Schweißen und Flammhärten
1955, 64 Seiten, 25 Abb., DM 13,70

WESTDEUTSCHER VERLAG · KÖLN UND OPLADEN

HEFT 171
Wäschereiforschung Krefeld
Untersuchung der Wäscheentwässerung mit Hilfe von Zentrifugen und Pressen
1955, 42 Seiten, 16 Abb., 4 Tabellen, DM 9,70

HEFT 172
Dipl.-Ing. W. Rohs, Dr.-Ing. G. Satlow und Text.-Ing. G. Heller, Bielefeld
Trocknung von Hanfgarnen. Kreuzspultrocknung
1955, 60 Seiten, 7 Abb., 4 Tabellen, DM 10,30

HEFT 173
Prof. Dr. R. Hosemann und Dipl.-Phys. G. Schoknecht, Berlin, vorgelegt von Prof. Dr. W. Kast, Krefeld
Lichtoptische Herstellung und Diskussion der Faltungsquadrate parakristalliner Gitter
in Vorbereitung

HEFT 174
Prof. Dr. W. von Fragstein, Dr. J. Meingast und H. Hoch, Köln
Herstellung von Solen einheitlicher Teilchengröße und Ermittlung ihrer optischen Eigenschaften
1955, 78 Seiten, 80 Abb., 4 Tabellen, DM 18,25

HEFT 175
Dr.-Ing. H. Zeller, Aachen
Beitrag zur eindimensionalen stationären und nichtstationären Gasströmung mit Reibung und Wärmeleitung insbesondere in Rohren mit unstetigen Querschnittsänderungen
in Vorbereitung

HEFT 176
Dipl.-Ing. H. Schöberl, Duisburg
Über die Methoden zur Ermittlung der Verbrennungstemperatur von Brennstoffen und ein Vorschlag zu ihrer Verbesserung
1955, 30 Seiten, 3 Abb., DM 6,50

HEFT 177
Dipl.-Ing. H. Stüdemann, Solingen, und Dr.-Ing. W. Müchler, Essen
Entwicklung eines Verfahrens zur zahlenmäßigen Bestimmung der Schneideigenschaften von Messerklingen
in Vorbereitung

HEFT 178
Prof. Dr. M. von Stackelberg u. Dr. W. Hans, Bonn
Untersuchungen zur Ausarbeitung und Verbesserung von polarographischen Analysenmethoden
1955, 46 Seiten, 14 Abb., DM 10,50

HEFT 179
Dipl.-Ing. H. F. Reineke, Bochum
Entwicklungsarbeiten auf dem Gebiete der Meß- und Regeltechnik
1955, 46 Seiten, 10 Abb., DM 10,—

HEFT 180
Dr.-Ing. W. Piepenburg, Dipl.-Ing. B. Bühling und Bauing. J. Behnke, Köln
Putzarbeiten im Hochbau und Versuche mit aktiviertem Mörtel und mechanischem Mörtelauftrag
1955, 116 Seiten, 31 Abb., 68 Tabellen, DM 23,—

HEFT 181
Prof. Dr. W. Franz, Münster
Theorie der elektrischen Leitvorgänge in Halbleitern und isolierenden Festkörpern bei hohen elektrischen Feldern
1955, 28 Seiten, 2 Abb., 1 Tabelle, DM 6,20

HEFT 182
Dr.-Ing. P. Schenk u. Dr. K. Osterloh, Düsseldorf
Katalytisch-thermische Spaltung von gasförmigen und flüssigen Kohlenwasserstoffen zur Spitzengaserzeugung
1955, 50 Seiten, 11 Abb., 11 Tabellen, DM 10,90

HEFT 183
Dr. W. Bornheim, Köln
Entwicklungsarbeiten an Flaschen- und Ampullen-Behandlungsmaschinen für die pharmazeutische Industrie
in Vorbereitung

HEFT 184
Dr.-Ing. E. Printz, Kettwig
Vollhydraulische Parallel-Kupplung für Ackerschlepper
1955, 32 Seiten, 4 Abb., DM 7,80

HEFT 185
Dipl.-Ing. W. Rohs und Text.-Ing. G. Heller, Bielefeld
Studien an einem neuzeitlichen Kreuzspultrockner für Bastfasergarne mit Wiederbefeuchtungszone
1955, 52 Seiten, 9 Abb., 3 Tabellen, DM 10,70

HEFT 186
Dr. E. Wedekind, Krefeld
Untersuchungen zur Arbeitsbestgestaltung bei der Fertigstellung von Oberhemden in gewerblichen Wäschereien
1955, 124 Seiten, 28 Abb., 6 Tabellen, 2 Falttaf., DM 12,—

HEFT 187
Dipl.-Ing. F. Göttgens, Essen
Über die Eigenarten der Bimetall-, Thermo- und Flammenionisationssicherungsmethode in ihrer Anwendung auf Zündsicherungen
1955, 40 Seiten, 6 Abb., 4 Tabellen, DM 8,40

HEFT 188
W. Kinnebrock, Langenberg (Rhld.)
Der Einfluß des Austausches gleicher Gaskochbrenner bzw. Gaskochbrennerteile auf den Wirkungsgrad und insbesondere auf den CO-Gehalt der Verbrennungsgase
1955, 42 Seiten, 7 Tabellen, DM 8,70

HEFT 189
Fa. E. Leybold's Nachfolger, Köln
I. Ausgewählte Kapitel aus der Vakuumtechnik
II. Zum Verlust anorganisch-nichtflüchtiger Substanzen während der Gefriertrocknung
1955, 52 Seiten, 16 Abb., 3 Tabellen, DM 11,20

HEFT 190
Prof. Dr. A. Neuhaus, Prof. Dr O. Schmitz-DuMont und Dipl.-Chem. H. Reckhard, Bonn
Zur Kenntnis der Alkalititanate
1955, 60 Seiten, 13 Abb., 1 Tabelle, DM 12,20

HEFT 191
Dr. H. Söhngen, Darmstadt
Schwingungsverhalten eines Schaufelkranzes im Vakuum
1955, 36 Seiten, 7 Abb., DM 7,80

HEFT 192
Dipl.-Phys. E. M. Schneider, München
Kohlebogenlampen für Aufnahme und Kopie
1955, 48 Seiten, 21 Abb., 3 Tabellen, DM 10,60

HEFT 193
Prof. Dr. O. Schmitz-DuMont, Bonn
Untersuchungen über neue Pigmentfarbstoffe
in Vorbereitung

HEFT 194
Dr. K. Hecht, Köln
Entwicklung neuartiger physikalischer Unterrichtsgeräte
1955, 42 Seiten, 16 Abb., DM 9,90

HEFT 195
Dr.-Ing. E. Rößger, Köln
Gedanken über einen neuen deutschen Luftverkehr
1955, 342 Seiten, 29 Abb., 122 Tabellen, DM 50,—

HEFT 196
Dipl.-Ing. W. Rohs und Text.-Ing. H. Griese, Bielefeld
Auswirkungen von Garnfehlern bei der Verarbeitung von Leinengarnen
1955, 36 Seiten, 3 Abb., 6 Tabellen, DM 7,80

HEFT 197
Dr. E. Wedekind, Krefeld
Untersuchungen zur Bestimmung der optimalen Arbeitsplatzgröße bei Mehrstuhlarbeit in der Weberei
1955, 92 Seiten, 34 Abb., 2 Tabellen, DM 18,50

HEFT 198
Prof. Dr. J. Weissinger, Karlsruhe
Zur Aerodynamik des Ringflügels. Die Druckverteilung dünner, fast drehsymmetrischer Flügel in Unterschallströmung
1955, 42 Seiten, 5 Abb., DM 9,—

HEFT 199
Textilforschungsanstalt Krefeld
Die Messung von Gewebetemperaturen mittels Temperaturstrahlung
1955, 50 Seiten, 12 Abb., DM 10,90

HEFT 200
R. Seipenbusch, Langenberg (Rhld.)
Spitzengas durch Zusatz von Flüssiggas-, Wassergas- und Flüssiggas-Generatorgas-Gemischen zu Stadtgas
1955, 48 Seiten, 21 Tabellen, DM 10,35

HEFT 201
Dr.-Ing. E. W. Pleines, Frankfurt/Main
Die Sicherheit im Luftverkehr
in Vorbereitung

HEFT 202
Dipl.-Ing. D. Fiecke, Stuttgart/Zuffenhausen
Die Bestimmung der Flugzeugpolaren für Entwurfszwecke. I. Teil: Unterlagen
in Vorbereitung

HEFT 203
Dr. G. Wandel, Bonn
Uferbewachsung und Lebendverbauung an den Nordwestdeutschen Kanälen und ihren Zuflüssen sowie an der Ruhr
in Vorbereitung

HEFT 204
Dipl.-Ing. B. Naendorf, Langenberg (Rhld.)
Bestimmung der Brenneigenschaften und des Brennverhaltens verschiedener Gasarten und Einfluß verschiedener Düsengestaltung
1955, 32 Seiten, DM 7,10

HEFT 205
Dr. C. Schaarwächter, Düsseldorf
Über plastische Kupfer-, Eisen-, Phosphor-Legierungen
in Vorbereitung

HEFT 206
Dr. P. Hölemann, Ing. R. Hasselmann und Ing. G. Dix, Dortmund
Untersuchungen über die Vorgänge bei der Zersetzung von in Azeton gelöstem Azetylen
in Vorbereitung

HEFT 207
Prof. Dr.-Ing. H. Opitz, Dipl.-Ing. K. H. Fröhlich und Dipl.-Ing. H. Siebel, Aachen
Richtwerte für das Fräsen von unlegierten und legierten Baustählen mit Hartmetall. I. Teil
in Vorbereitung

HEFT 208
Prof. Dr.-Ing. H. Müller, Essen
Untersuchungen von Elektrowärmegeräten für Laienbedienung hinsichtlich Sicherheit und Gebrauchsfähigkeit. I. Untersuchungen an Kochplatten
in Vorbereitung

HEFT 209
Dr. K. Bunge, Leverkusen
Materialabbau in Funkenentladungen. Untersuchungen an Zinkkathoden
in Vorbereitung

HEFT 210
Dr. W. Porschen und Prof. Dr. W. Riezler, Bonn
Langlebige Alphaaktivitäten bei natürlichen Elementen
1955, 40 Seiten, 5 Abb., 4 Tabellen, DM 8,80

HEFT 211
Prof. Dipl.-Ing. W. Sturtzel und Dr.-Ing. W. Graff, Duisburg
Die Versuchsanstalt für Binnenschiffbau, Duisburg
in Vorbereitung

HEFT 212
Dipl.-Ing. H. Spodig, Selm
Untersuchung zur Anwendung der Dauermagnete in der Technik
1955, 44 Seiten, 25 Abb., DM 9,80

HEFT 213
Dipl.-Ing. K. F. Rittinghaus, Aachen
Zusammenstellung eines Meßwagens für Bau- und Raumakustik
in Vorbereitung

HEFT 214
Dr.-Ing. J. Endres, München
Berechnung der optimalen Leistung, Kraftstoffverbräuche und Wirkungsgrade von Einkreis-Turbolader-Strahltriebwerken am Boden und in der Höhe bei Fluggeschwindigkeiten von 0—2 000 km/h
in Vorbereitung

HEFT 215
Prof. Dr.-Ing. H. Opitz und Dr.-Ing. G. Weber, Aachen
Einfluß der Wärmebehandlung von Baustählen auf Spanentstehungen, Schnittkraft- und Standzeitverhalten
in Vorbereitung

HEFT 216
Dr. E. Kloth, Köln
Untersuchungen über die Ausbreitung kurzer Schallimpulse bei der Materialprüfung mit Ultraschall
in Vorbereitung

HEFT 217
Rationalisierungskuratorium der Deutschen Wirtschaft (RKW), Frankfurt/Main
Typenvielzahl bei Haushaltgeräten und Möglichkeiten einer Beschränkung
in Vorbereitung

HEFT 218
Dr. F. Keune, Aachen
Bericht über eine Theorie der Strömung um Rotationskörper ohne Anstellung bei Machzahl Eins
1955, 40 Seiten, 8 Abb., 5 Formelblätter, DM 8,80

HEFT 219
Prof. Dr. W. Fuchs, Aachen
Untersuchungen zur Holzabfallverwertung und zur Chemie des Lignins
1955, 54 Seiten, 11 Abb., 15 Tabellen, DM 11,40

WESTDEUTSCHER VERLAG · KÖLN UND OPLADEN

HEFT 220
Prof. Dr. W. Fuchs, Aachen
Die Entwicklung neuer Regel- und Kontroll-Apparate zur coulometrischen Analyse
in Vorbereitung

HEFT 221
Prof. Dr. W. Meyer-Eppler, Bonn
Experimentelle Untersuchungen zum Mechanismus von Stimme und Gehör in der lautsprachlichen Kommunikation
1955, 56 Seiten, 24 Abb., DM 13,45

HEFT 222
Dr. L. Köllner, Münster, und Dipl.-Volkswirt M. Kaiser, Bochum
Die internationale Wettbewerbsfähigkeit der westdeutschen Wollindustrie
in Vorbereitung

HEFT 223
Dr.-Ing. K. Alberti und Dr. F. Schwarz, Köln
Über das Problem Hartbrand-Weichbrand
in Vorbereitung

HEFT 224
Dipl.-Ing. H. Stüdeman und Ing. R. Beu, Solingen
Verfahren zur Prüfung der Korrosionsbeständigkeit von Messerklingen aus rostfreiem Stahl
in Vorbereitung

HEFT 225
Dr.-Ing. E. Barz, Remscheid
Der Spannungszustand von Gattersägeblättern
in Vorbereitung

HEFT 226
Technisch-wissenschaftliches Büro für die Bastfaserindustrie, Bielefeld
Untersuchungen zur Verbesserung des Leinenwebstuhles IV
Die Wirkung verschiedener Kettbaumbremsen auf die Verwebung von Leinengarnen
in Vorbereitung

HEFT 227
Prof. Dr. F. Wever, Düsseldorf und Dr. W. Wepner, Köln
Untersuchung der Alterungsneigung von weichen unlegierten Stählen durch Härteprüfung bei Temperaturen bis 300 Grad C
in Vorbereitung

HEFT 228
Prof. Dr. F. Wever, Dr. W. Koch, Düsseldorf und Dr. B. A. Steinkopf, Dortmund
Spektrochemische Grundlagen der Analyse von Gemischen aus Kohlenmonoxyd, Wasserstoff und Stickstoff
in Vorbereitung

HEFT 229
Prof. Dr. F. Wever, Dr. W. Koch und Dr.-Ing. H. Malissa, Düsseldorf
Über die Anwendung disubstituierter Dithiocarbamate der analytischen Chemie
in Vorbereitung

HEFT 230
Prof. Dr. F. Wever, Düsseldorf und Dr. W. Wepner, Köln
Bestimmung kleiner Kohlenstoffgehalte im Alpha-Eisen durch Dämpfungsmessung
in Vorbereitung

HEFT 231
Dr.-Ing. W. Küch, Dortmund
Über die Wechselwirkung zwischen Holzschutzbehandlung und Verleimung
in Vorbereitung

HEFT 232
Prof. Dr.-Ing. O. Kienzle, Hannover und Dr.-Ing. H. Münnich, Schweinfurt
Feststellung der Spannungen und Dehnungen und Bruchdrehzahlen der unter Fliehkraft und Bearbeitungskraft beanspruchten Schleifkörper
in Vorbereitung

HEFT 233
Dr. H. Haase, Hamburg
Infrarot-Bibliographie
in Vorbereitung

HEFT 234
Dr.-Ing. K. G. Speith und Dr.-Ing. A. Bungeroth, Duisburg
Versuche zur Steigerung des Kokillen-Schluckvermögens beim Stranggießen von Stahl
in Vorbereitung

HEFT 235
Prof. Dr.-Ing. K. Leist und Dipl.-Ing. W. Dettmering, Aachen
Turbinenschaufeln aus Kunststoff für Kaltluftversuchsanlagen
in Vorbereitung

HEFT 236
Dr.-Ing. O. Viertel und S. Lucas, Krefeld
Ergebnisse einer Hausfrauenbefragung über Wascheinrichtungen und Waschmethoden in städtischen Haushaltungen
in Vorbereitung

HEFT 237
Dr. P. Endler und Dr. H. Ludes, Köln
Bericht über eine Studienreise zur Orientierung der heutigen Behandlung der Lungentuberkulose in den Vereinigten Staaten von Nordamerika
in Vorbereitung

HEFT 238
Institut für textile Meßtechnik, M.-Gladbach, e. V.
Untersuchung der Verzugsvorgänge an den Streckwerken verschiedener Spinnereimaschinen. 3. Bericht: Theoretische Betrachtungen über den Einfluß schlagender Zylinder und Druckrollen
in Vorbereitung

HEFT 239
Prof. Dr.-Ing. K. Leist und Dipl.-Ing. H. Scheele, Aachen und Dipl.-Ing. F. H. Flottmann, Herne
Versuche an einem neuartigen luftgekühlten Hochleistungs-Kolbenkompressor
in Vorbereitung

HEFT 240
Prof. Dr.-Ing. K. Leist und Dipl.-Ing. H. Scheele, Aachen
Temperaturmessungen an einem einstufigen luftgekühlten 4-Zylinder-Kolbenkompressor mit Kühlgebläse
in Vorbereitung

HEFT 241
Prof. Dr.-Ing. K. Leist und Dipl.-Ing. M. Pötke, Aachen
Leistungsversuche an einem Kühlluftgebläse
in Vorbereitung

HEFT 242
Prof. Dr.-Ing. K. Leist und Dipl.-Ing. K. Graf, Aachen
Straßenfahrzeuge mit Gasturbinenantrieb
in Vorbereitung

HEFT 243
Prof. Dr.-Ing. K. Leist und Dipl.-Ing. S. Förster, Aachen
Die französische Kleingasturbine Artouste — 1. Teil
in Vorbereitung

HEFT 244
Prof. Dr. F. Wever, Dr. W. Koch und Dr. S. Eckhard, Düsseldorf
Erfahrungen mit der spektrochemischen Analyse von Gefügebestandteilen des Stahles
in Vorbereitung

HEFT 245
Prof. Dr.-Ing. K. Krekeler, Aachen
Das Verbinden von Metallen durch Kunstharzkleber. Teil I: Eigenschaften und Verwendung der Metallklebstoffe
in Vorbereitung

HEFT 246
Prof. Dr.-Ing. K. Krekeler, Aachen
Das Verbinden von Metallen durch Kunstharzkleber. Teil II: Untersuchungen an geklebten Leichtmetall-Verbindungen
in Vorbereitung

HEFT 247
Dr. H. Söhngen, Darmstadt
Strömung vor einem Überschall-Laufrad
in Vorbereitung

HEFT 248
Rheinische Aktiengesellschaft für Braunkohlenbergbau und Brikettfabrikation, Köln
Untersuchung der Bindemitteleigenschaften von Braunkohlenfilteraschen
in Vorbereitung

HEFT 249
Dr. M.-E. Meffert, Essen
Weitere Kulturversuche Scenedesmus obliquus
in Vorbereitung

HEFT 250
Dr. F. Schwarz und Dr.-Ing. K. Alberti, Köln
Entwicklung von Untersuchungsverfahren zur Gütebeurteilung von Industriekalken
in Vorbereitung

HEFT 251
Prof. Dr. H. Bittel, Münster
Zur Statistik der ferromagnetischen Elementarvorgänge und ihren Einfluß auf das Barkhausenrauschen
in Vorbereitung

HEFT 252
Dipl.-Ing. H. Frings, Geilenkirchen
Die Wirkung abfallender Wetterführung auf Wettertemperatur, Grubengasgehalt und Staubbildung
in Vorbereitung

HEFT 253
Dipl.-Ing. S. Schirmanski, Berghausen
Stand und Auswertung der Forschungsarbeiten über Temperatur- und Feuchtigkeitsgrenzen bei der bergmännischen Arbeit
in Vorbereitung

HEFT 254
Prof. Dr. R. Danneel, Bonn
Quantitative Untersuchungen über die Entwicklung des Ehrlich-Ascitesturmos bei Inzuchtmäusen
in Vorbereitung

HEFT 255
Ing. W. v. Schlippe, Bad Nauheim
Strömung von Flüssigkeiten mit temperaturabhängiger Zähigkeit (Kühlung von Ölen)
in Vorbereitung

HEFT 256
Prof. Dr. C. Schmieden und Dipl.-Math. K. H. Müller, Darmstadt
Die Strömung einer Quellstrecke im Halbraum — eine strenge Lösung der Navier-Stokes-Gleichungen
in Vorbereitung

HEFT 257
Prof. Dr. G. Lehmann und Dr. J. Tamm, Dortmund
Die Beeinflussung vegetativer Funktionen des Menschen durch Geräusche
in Vorbereitung

HEFT 258
Dr. H. Paul, Linz/Rhein und Prof. Dr. O. Graf, Dortmund
Zur Frage der Unfälle im Bergbau
in Vorbereitung

HEFT 259
Prof. D. W. Linke, Aachen
Strömungsvorgänge in künstlich belüfteten Räumen
in Vorbereitung

HEFT 260
Prof. Dr. W. Kast, Freiburg/Br., Prof. Dr. H. A. Stuart und Dipl.-Phys. H. G. Fendler, Hannover
Lichtzerstreuungsmessungen an Lösungen hochpolymerer Stoffe
in Vorbereitung

HEFT 261
Prof. Dr. W. Kast, Freiburg/Br.
Feinstruktur-Untersuchungen an künstlichen Zellulosefasern verschiedener Herstellungsverfahren. Teil II: Der Kristallisationszustand
in Vorbereitung

HEFT 262
Dr.-Ing. W. Batel, Aachen
Untersuchungen zur Absiebung feuchter, feinkörniger Haufwerke und Schwingsieben
in Vorbereitung

HEFT 263
Prof. Dr. H. Lange und Dipl.-Phys. R. Kohlhaas, Köln
Über die Wärmefähigkeit von Stählen bei hohen Temperaturen. Teil I: Literaturbericht
in Vorbereitung

HEFT 264
Prof. Dr. W. Weizel, Bonn
Durch schnelle Funkenzusammenbrüche ausgelöste Signale auf einer Leitung
in Vorbereitung

HEFT 265
Prof. Dr. F. Micheel und Dr. R. Engel, Münster
Eine Apparatur zur elektrophoretischen Trennung von Stoffgemischen
in Vorbereitung

HEFT 266
Fliesen-Beratungsstelle Bad Godesberg-Mehlem
Güteeigenschaften keramischer Wand- und Bodenfliesen und deren Prüfmethoden
in Vorbereitung

HEFT 267
Prof. Dr. W. Weizel und B. Brandt, Bonn
Zur Stabilität stromstarker Glimmentladungen
in Vorbereitung

HEFT 268
Prof. Dr.-Ing. G. Vogelpohl, Göttingen
Über die Tragfähigkeit von Gleitlagern und ihre Berechnung
in Vorbereitung

WESTDEUTSCHER VERLAG · KÖLN UND OPLADEN

VERÖFFENTLICHUNGEN DER ARBEITSGEMEINSCHAFT FÜR FORSCHUNG DES LANDES NORDRHEIN-WESTFALEN

NATURWISSENSCHAFTEN

Im Auftrage des Ministerpräsidenten Karl Arnold
herausgegeben von Staatssekretär Prof. Leo Brandt

HEFT 1
Prof. Dr.-Ing. Friedrich Seewald, Aachen
Neue Entwicklungen auf dem Gebiet der Antriebsmaschinen
Prof. Dr.-Ing. Friedrich A. F. Schmidt, Aachen
Technischer Stand und Zukunftsaussichten der Verbrennungsmaschinen, insbesondere der Gasturbinen
Dr.-Ing. Rudolf Friedrich, Mülheim (Ruhr)
Möglichkeiten und Voraussetzungen der industriellen Verwertung der Gasturbine
1951, 52 Seiten, 15 Abb., kartoniert, DM 4,25

HEFT 2
Prof. Dr.-Ing. Wolfgang Riezler, Bonn
Probleme der Kernphysik
Prof. Dr. Fritz Micheel, Münster
Isotope als Forschungsmittel in der Chemie und Biochemie
1951, 40 Seiten, 10 Abb., kartoniert, DM 3,20

HEFT 3
Prof. Dr. Emil Lehnartz, Münster
Der Chemismus der Muskelmaschine
Prof. Dr. Gunther Lehmann, Dortmund
Physiologische Forschung als Voraussetzung der Bestgestaltung der menschlichen Arbeit
Prof. Dr. Heinrich Kraut, Dortmund
Ernährung und Leistungsfähigkeit
1951, 60 Seiten, 35 Abb., kartoniert, DM 5,—

HEFT 4
Prof. Dr. Franz Wever, Düsseldorf
Aufgaben der Eisenforschung
Prof. Dr.-Ing. Hermann Schenck, Aachen
Entwicklungslinien des deutschen Eisenhüttenwesens
Prof. Dr.-Ing. Max Haas, Aachen
Wirtschaftliche Bedeutung der Leichtmetalle und ihre Entwicklungsmöglichkeiten
1952, 60 Seiten, 20 Abb., kartoniert, DM 6,—

HEFT 5
Prof. Dr. Walter Kikuth, Düsseldorf
Virusforschung
Prof. Dr. Rolf Danneel, Bonn
Fortschritte der Krebsforschung
Prof. Dr. Dr. Werner Schulemann, Bonn
Wirtschaftliche und organisatorische Gesichtspunkte für die Verbesserung unserer Hochschulforschung
1952, 50 Seiten, 2 Abb., kartoniert, DM 4,—

HEFT 6
Prof. Dr. Walter Weizel, Bonn
Die gegenwärtige Situation der Grundlagenforschung in der Physik
Prof. Dr. Siegfried Strugger, Münster
Das Duplikantenproblem in der Biologie
Direktor Dr. Fritz Gummert, Essen
Überlegungen zu den Faktoren Raum und Zeit im biologischen Geschehen und Möglichkeiten einer Nutzanwendung
1952, 64 Seiten, 20 Abb., kartoniert, DM 4,—

HEFT 7
Prof. Dr.-Ing. August Götte, Aachen
Steinkohle als Rohstoff und Energiequelle
Prof. Dr. Dr. E. h. Karl Ziegler, Mülheim (Ruhr)
Über Arbeiten des Max-Planck-Institutes für Kohlenforschung
1953, 66 Seiten, 4 Abb., kartoniert, DM 4,75

HEFT 8
Prof. Dr.-Ing. Wilhelm Fucks, Aachen
Die Naturwissenschaft, die Technik und der Mensch
Prof. Dr. Walther Hoffmann, Münster
Wirtschaftliche und soziologische Probleme des technischen Fortschritts
1952, 84 Seiten, 12 Abb., kartoniert, DM 6,50

HEFT 9
Prof. Dr.-Ing. Franz Bollenrath, Aachen
Zur Entwicklung warmfester Werkstoffe
Prof. Dr. Heinrich Kaiser, Dortmund
Stand spektralanalytischer Prüfverfahren und Folgerung für deutsche Verhältnisse
1952, 100 Seiten, 62 Abb., kartoniert, DM 7,50

HEFT 10
Prof. Dr. Hans Braun, Bonn
Möglichkeiten und Grenzen der Resistenzzüchtung
Prof. Dr.-Ing. Carl Heinrich Dencker, Bonn
Der Weg der Landwirtschaft von der Energieautarkie zur Fremdenergie
1952, 74 Seiten, 23 Abb., kartoniert, DM 6,80

HEFT 11
Prof. Dr.-Ing. Herwart Opitz, Aachen
Entwicklungslinien der Fertigungstechnik in der Metallbearbeitung
Prof. Dr.-Ing. Karl Krekeler, Aachen
Stand und Aussichten der schweißtechnischen Fertigungsverfahren
1952, 72 Seiten, 49 Abb., kartoniert, DM 6,40

HEFT 12
Dr. Hermann Rathert, Wuppertal-Elberfeld
Entwicklung auf dem Gebiet der Chemiefaser-Herstellung
Prof. Dr.-Ing. Wilhelm Weltzien, Krefeld
Rohstoff und Veredlung in der Textilwirtschaft
1952, 84 Seiten, 29 Abb., kartoniert, DM 7,—

HEFT 13
Dr.-Ing. E. h. Karl Herz, Frankfurt a. M.
Die technischen Entwicklungstendenzen im elektrischen Nachrichtenwesen
Staatssekretär Prof. Leo Brandt, Düsseldorf
Navigation und Luftsicherung
1952, 102 Seiten, 97 Abb., kartoniert, DM 9,75

HEFT 14
Prof. Dr. Burckhardt Helferich, Bonn
Stand der Enzymchemie und ihre Bedeutung
Prof. Dr. Hugo Wilhelm Knipping, Köln
Ausschnitt aus der klinischen Carcinomforschung am Beispiel des Lungenkrebses
1952, 72 Seiten, 12 Abb., kartoniert, DM 6,25

HEFT 15
Prof. Dr. Abraham Esau †, Aachen
Ortung mit elektrischen und Ultraschallwellen in Technik und Natur
Prof. Dr.-Ing. Eugen Flegler, Aachen
Die ferromagnetischen Werkstoffe der Elektrotechnik und ihre neueste Entwicklung
1953, 84 Seiten, 25 Abb., kartoniert, DM 6,25

HEFT 16
Prof. Dr. Rudolf Seyffert, Köln
Die Problematik der Distribution
Prof. Dr. Theodor Beste, Köln
Der Leistungslohn
1952, 70 Seiten, 1 Abb., kartoniert, DM 4,50

HEFT 17
Prof. Dr.-Ing. Friedrich Seewald, Aachen
Luftfahrtforschung in Deutschland und ihre Bedeutung für die allgemeine Technik
Prof. Dr.-Ing. Edouard Houdremont, Essen
Art und Organisation der Forschung in einem Industrieforschungsinstitut der Eisenindustrie
1953, 90 Seiten, 4 Abb., kartoniert, DM 5,50

HEFT 18
Prof. Dr. Dr. Werner Schulemann, Bonn
Theorie und Praxis pharmakologischer Forschung
Prof. Dr. Wilhelm Groth, Bonn
Technische Verfahren zur Isotopentrennung
1953, 72 Seiten, 17 Abb., kartoniert, DM 5,—

HEFT 19
Dipl.-Ing. Kurt Traenckner, Essen
Entwicklungstendenzen der Gaserzeugung
1953, 26 Seiten, 12 Abb., kartoniert, DM 2,50

HEFT 20
M. Zvegintzow, London
Wissenschaftliche Forschung und die Auswertung ihrer Ergebnisse
Ziel und Tätigkeit der National Research Development Corporation
Dr. Alexander King, London
Wissenschaft und internationale Beziehungen
1954, 88 Seiten, kartoniert, DM 4,60

HEFT 21
Prof. Dr. Robert Schwarz, Aachen
Wesen und Bedeutung der Silicium-Chemie
Prof. Dr. Dr. h. c. Kurt Alder, Köln
Fortschritte in der Synthese von Kohlenstoffverbindungen
1954, 76 Seiten, 49 Abb., kartoniert, DM 5,20

HEFT 21a
Prof. Dr. Dr. h. c. Otto Hahn, Göttingen
Die Bedeutung der Grundlagenforschung für die Wirtschaft
Prof. Dr. Siegfried Strugger, Münster
Die Erforschung des Wasser- und Nährsalztransportes im Pflanzenkörper mit Hilfe der fluoreszenzmikroskopischen Kinematographie
1953, 74 Seiten, 26 Abb., kartoniert, DM 5,80

HEFT 22
Prof. Dr. Johannes von Allesch, Göttingen
Die Bedeutung der Psychologie im öffentlichen Leben
Prof. Dr. Otto Graf, Dortmund
Triebfedern menschlicher Leistung
1953, 80 Seiten, 19 Abb., kartoniert, DM 4,80

HEFT 23
Prof. Dr. Dr. h. c. Bruno Kuske, Köln
Zur Problematik der wirtschaftswissenschaftlichen Raumforschung
Prof. Dr. Dr.-Ing. E. h. Stephan Prager, Düsseldorf
Städtebau und Landesplanung
1954, 84 Seiten, kartoniert, DM 4,—

HEFT 24
Prof. Dr. Rolf Danneel, Bonn
Über die Wirkungsweise der Erbfaktoren
Prof. Dr. Kurt Herzog, Krefeld
Bewegungsbedarf der menschlichen Gliedmaßengelenke bei der Berufsarbeit
1953, 76 Seiten, 18 Abb., kartoniert, DM 4,80

WESTDEUTSCHER VERLAG · KÖLN UND OPLADEN

HEFT 25
Prof. Dr. Otto Haxel, Heidelberg
Energiegewinnung aus Kernprozessen
Dr.-Ing. Dr. Max Wolf, Düsseldorf
Gegenwartsprobleme der energiewirtschaftlichen Forschung
1953, 98 Seiten, 27 Abb., kartoniert, DM 6,25

HEFT 26
Prof. Dr. Friedrich Becker, Bonn
Ultrakurzwellenstrahlung aus dem Weltraum
Dr. Hans Straßl, Bonn
Bemerkenswerte Doppelsterne und das Problem der Sternentwicklung
1954, 70 Seiten, 8 Abb., kartoniert, DM 4,—

HEFT 27
Prof. Dr. Heinrich Behnke, Münster
Der Strukturwandel der Mathematik in der ersten Hälfte des 20. Jahrhunderts
Prof. Dr. Emanuel Sperner, Hamburg
Eine mathematische Analyse der Luftdruckverteilungen in großen Gebieten
in Vorbereitung

HEFT 28
Prof. Dr. Oskar Niemczyk, Aachen
Die Problematik gebirgsmechanischer Vorgänge im Steinkohlenbergbau
Prof. Dr. Wilhelm Ahrens, Krefeld
Die Bedeutung geologischer Forschung für die Wirtschaft, besonders in Nordrhein-Westfalen
1955, 96 Seiten, 12 Abb., kartoniert, DM 6.40

HEFT 29
Prof. Dr. Bernhard Rensch, Münster
Das Problem der Residuen bei Lernleistungen
Prof. Dr. Hermann Fink, Köln
Über Leberschäden bei der Bestimmung des biologischen Wertes verschiedener Eiweiße von Mikroorganismen
1954, 96 Seiten, 23 Abb., kartoniert, DM 6,—

HEFT 30
Prof. Dr.-Ing. Friedrich Seewald, Aachen
Forschungen auf dem Gebiete der Aerodynamik
Prof. Dr.-Ing. Karl Leist, Aachen
Einige Forschungsarbeiten aus der Gasturbinentechnik
1955, 98 Seiten, 45 Abb., kartoniert, DM 8,80

HEFT 31
Prof. Dr.-Ing. Dr. h. c. Fritz Mietzsch, Wuppertal
Chemie und wirtschaftliche Bedeutung der Sulfonamide
Prof. Dr. Dr. h. c. Gerhard Domagk, Wuppertal
Die experimentellen Grundlagen der bakteriellen Infektionen
1954, 82 Seiten, 2 Abb., kartoniert, DM 5,25

HEFT 32
Prof. Dr. Hans Braun, Bonn
Die Verschleppung von Pflanzenkrankheiten und -schädigungen über die Welt
Prof. Dr. Wilhelm Rudorf, Voldagsen
Der Beitrag von Genetik und Züchtung zur Bekämpfung von Viruskrankheiten der Nutzpflanzen
1953, 88 Seiten, 36 Abb., kartoniert, DM 6,75

HEFT 33
Prof. Dr.-Ing. Volker Aschoff, Aachen
Probleme der elektroakustischen Einkanalübertragung
Prof. Dr.-Ing. Herbert Döring, Aachen
Erzeugung und Verstärkung von Mikrowellen
1954, 74 Seiten, 23 Abb., kartoniert, DM 4,50

HEFT 34
Geheimrat Prof. Dr. Dr. Rudolf Schenck, Aachen
Bedingungen und Gang der Kohlenhydratsynthese im Licht
Prof. Dr. Emil Lehnartz, Münster
Die Endstufen des Stoffabbaues im Organismus
1954, 80 Seiten, 11 Abb., kartoniert, DM 5,50

HEFT 35
Prof. Dr.-Ing. Hermann Schenck, Aachen
Gegenwartsprobleme der Eisenindustrie in Deutschland
Prof. Dr.-Ing. Eugen Piwowarsky †, Aachen
Gelöste und ungelöste Probleme im Gießereiwesen
1954, 110 Seiten, 67 Abb., kartoniert, DM 9,—

HEFT 36
Prof. Dr. Wolfgang Riezler, Bonn
Teilchenbeschleuniger
Prof. Dr. Gerhard Schubert, Hamburg
Anwendung neuer Strahlenquellen in der Krebstherapie
1954, 104 Seiten, 43 Abb., kartoniert, DM 8,20

HEFT 37
Prof. Dr. Franz Lotze, Münster
Probleme der Gebirgsbildung
Bergwerksdirektor Bergassessor a.D. G. Rauschenbach, Essen
Die Erhaltung der Förderungskapazität des Ruhrbergbaues auf lange Sicht
in Vorbereitung

HEFT 38
Dr. E. Colin Cherry, London
Kybernetik
Prof. Dr. Erich Pietsch, Clausthal-Zellerfeld
Dokumentation und mechanisches Gedächtnis — zur Frage der Ökonomie der geistigen Arbeit
1954, 108 Seiten, 31 Abb., kartoniert, DM 7,20

HEFT 39
Dr. Heinz Haase, Hamburg
Infrarot und seine technischen Anwendungen
Prof. Dr. Abraham Esau †, Aachen
Ultraschall und seine technischen Anwendungen
1955, 80 Seiten, 25 Abb., kartoniert, DM 6,20

HEFT 40
Bergassessor Fritz Lange, Bochum-Hordel
Die wirtschaftliche und soziale Bedeutung der Silikose im Bergbau
Prof. Dr. Walter Kikuth, Düsseldorf
Die Entstehung der Silikose und ihre Verhütungsmaßnahmen
1954, 120 Seiten, 40 Abb., kartoniert, DM 9,50

HEFT 40a
Prof. Dr. Eberhard Gross, Bonn
Berufskrebs und Krebsforschung
Prof. Dr. Hugo Wilhelm Knipping, Köln
Die Situation der Krebsforschung vom Standpunkt der Klinik
1955, 88 Seiten, 31 Abb., kartoniert, DM 6,70

HEFT 41
Direktor Dr.-Ing. Gustav-Victor Lachmann, London
An einer neuen Entwicklungsschwelle im Flugzeugbau
Direktor Dr.-Ing. A. Gerber, Zürich-Oerlikon
Stand der Entwicklung der Raketen- und Lenktechnik
1955, 88 Seiten, 44 Abb., kartoniert, DM 8,40

HEFT 42
Prof. Dr. Theodor Kraus, Köln
Lokalisationsphänomene und Raumordnung vom Standpunkt der geographischen Wissenschaft
Direktor Dr. Fritz Gummert, Essen
Vom Ernährungsversuchsfeld der Kohlenstoffbiologischen Forschungsstation Essen
in Vorbereitung

HEFT 42a
Prof. Dr. Dr. h. c. Gerhard Domagk, Wuppertal
Fortschritte auf dem Gebiet der experimentellen Krebsforschung
1954, 46 Seiten, kartoniert, DM 2,60

HEFT 43
Prof. Giovanni Lampariello, Rom
Über Leben und Werk von Heinrich Hertz
Prof. Dr. Walter Weizel, Bonn
Über das Problem der Kausalität in der Physik
1955, 76 Seiten, kartoniert, DM 4,40

HEFT 43a
Prof. Dr. José Mª Albareda, Madrid
Die Entwicklung der Forschung in Spanien
in Vorbereitung

HEFT 44
Prof. Dr. Burckhardt Helferich, Bonn
Über Glykoside
Prof. Dr. Fritz Micheel, Münster
Kohlenhydrat-Eiweiß-Verbindungen und ihre biochemische Bedeutung
in Vorbereitung

HEFT 45
Prof. Dr. John von Neumann, Princeton, USA
Entwicklung und Ausnutzung neuerer mathematischer Maschinen
Prof. Dr. E. Stiefel, Zürich
Rechenautomaten im Dienste der Technik mit Beispielen aus dem Züricher Institut für angewandte Mathematik
1955, 74 Seiten, 6 Abb., kartoniert, DM 4,80

HEFT 46
Prof. Dr. Wilhelm Weltzien, Krefeld
Ausblick auf die Entwicklung synthetischer Fasern
Prof. Dr. Walther Hoffmann, Münster
Wachstumsformen der Industriewirtschaft
in Vorbereitung

HEFT 47
Staatssekretär Prof. Leo Brandt, Düsseldorf
Die praktische Förderung der Forschung in Nordrhein-Westfalen
Prof. Dr. Ludwig Raiser, Bad Godesberg
Die Förderung der angewandten Forschung durch die Deutsche Forschungsgemeinschaft
in Vorbereitung

HEFT 48
Dr. Hermann Tromp, Rom
Bestandsaufnahme der Wälder der Welt als internationale und wissenschaftliche Aufgabe
Prof. Dr. Franz Heske, Schloß Reinbek
Die Wohlfahrtswirkungen des Waldes als internationales Problem
in Vorbereitung

HEFT 49
Präsident Dr. G. Böhnecke, Hamburg
Zeitfragen der Ozeanographie
Reg.-Direktor Dr. H. Gabler, Hamburg
Nautische Technik und Schiffssicherheit
1955, 120 Seiten, 49 Abb., kartoniert, DM 10,20

HEFT 50
Prof. Dr.-Ing. Friedrich A. F. Schmidt, Aachen
Probleme der Selbstzündung und Verbrennung bei der Entwicklung der Hochleistungskraftmaschinen
Prof. Dr.-Ing. A. W. Quick, Aachen
Ein Verfahren zur Untersuchung des Austauschvorganges in verwirbelten Strömungen hinter Körpern mit abgelöster Strömung
in Vorbereitung

HEFT 51
Prof. Dr. Siegfried Strugger, Münster
Struktur, Entwicklungsgeschichte und Physiologie der Chloroplasten
Direktor Dr. J. Pätzold, Erlangen
Therapeutische Anwendung mechanischer und elektrischer Energie
in Vorbereitung

HEFT 52
Mr. Patmore, London
Lufttüchtigkeit und technische Prüfung der Flugzeuge in England
Pro. A. D. Young, Cranfield
Die Ausbildung des Ingenieurnachwuchses auf dem Luftfahrtgebiet in England
in Vorbereitung

JAHRESFEIER 1955
Prof. Dr. Josef Pieper, Münster
Über den Philosophie-Begriff Platons
Prof. Dr. Walter Weizel, Bonn
Die Mathematik und die physikalische Realität
1955, 62 Seiten, kartoniert, DM 4,40

HEFT 52a
Dr. D. C. Martin, London
Geschichte und Organisation der Royal Society
Dr. Roux, Südafrika
Probleme der wissenschaftlichen Forschung in der Südafrikanischen Union
in Vorbereitung

HEFT 53
Prof. Dr.-Ing. Georg Schnadel, Hamburg
Forschungsaufgaben zur Untersuchung der Festigkeitsprobleme im Schiffsbau
Prof. Dipl.-Ing. Wilhelm Sturtzel, Duisburg
Forschungsaufgaben zur Untersuchung der Widerstandsprobleme im Schiffsbau
in Vorbereitung

HEFT 53a
Prof. Giovanni Lampariello, Rom
Von Galilei zu Einstein
in Vorbereitung

HEFT 54
Prof. Dr. Julius Bartels, Göttingen
Sonne und Erde — das Thema des internationalen geophysikalischen Jahres
Direktor Dr. Walter Dieminger, Lindau/Harz
Ionosphäre und drahtloser Weitverkehr
in Vorbereitung

HEFT 54a
Sir John Cockcroft, London
Die friedliche Anwendung der Kernenergie
in Vorbereitung

HEFT 55
Prof. Dr.-Ing. Fritz Schultz-Grunow, Aachen
Das Kriechen und Fließen hochzäher und plastischer Stoffe
Prof. Dr.-Ing. Hans Ebner, Aachen
Wege und Ziele der Festigkeitsforschung besonders im Hinblick auf den Leichtbau
in Vorbereitung

WESTDEUTSCHER VERLAG · KÖLN UND OPLADEN

HEFT 56
Prof. Dr. Ernst Derra, Düsseldorf
Der Entwicklungsstand der Herzchirurgie
Prof. Dr. Gunther Lehmann, Dortmund
Muskelarbeit und Muskelermüdung in Theorie und Praxis
in Vorbereitung

HEFT 57
Prof. Dr. Theodor von Kármán, Pasadena
Freiheit und Organisation in der Luftfahrtforschung
in Vorbereitung

HEFT 58
Prof. Dr. Fritz Schröter, Ulm
Neue Forschungs- und Entwicklungsrichtungen im Fernsehen
Prof. Dr. Albert Narath, Berlin
Der gegenwärtige Stand der Filmtechnik
in Vorbereitung

VERÖFFENTLICHUNGEN DER ARBEITSGEMEINSCHAFT FÜR FORSCHUNG DES LANDES NORDRHEIN-WESTFALEN

GEISTESWISSENSCHAFTEN

Im Auftrage des Ministerpräsidenten Karl Arnold herausgegeben von Staatssekretär Prof. Leo Brandt

HEFT 1
Prof. Dr. Werner Richter, Bonn
Die Bedeutung der Geisteswissenschaften für die Bildung unserer Zeit
Prof. Dr. Joachim Ritter, Münster
Die aristotelische Lehre vom Ursprung und Sinn der Theorie
1953, 64 Seiten, kartoniert, DM 3,50

HEFT 2
Prof. Dr. Josef Kroll, Köln
Elysium
Prof. Dr. Günther Jachmann, Köln
Die vierte Ekloge Vergils
1953, 72 Seiten, kartoniert, DM 3,75

HEFT 3
Prof. Dr. Hans Erich Stier, Münster
Die klassische Demokratie
1954, 100 Seiten, kartoniert, DM 6,—

HEFT 4
Prof. Dr. Werner Caskel, Köln
Lihyan und Lihyanisch. Sprache und Kultur eines früharabischen Königreiches
1954, 168 Seiten, 6 Abb., kartoniert, DM 11,—

HEFT 5
Prof. Dr. Thomas Ohm, Münster
Stammesreligionen im südlichen Tanganyika-Territorium
1953, 80 Seiten, 25 Abb., kartoniert, DM 11,50

HEFT 6
Prälat Prof. Dr. Dr. h. c. Georg Schreiber, Münster
Deutsche Wissenschaftspolitik von Bismarck bis zum Atomwissenschaftler Otto Hahn
1954, 102 Seiten, 7 Bilder, kartoniert, DM 6,25

HEFT 7
Prof. Dr. Walter Holtzmann, Bonn
Das mittelalterliche Imperium und die werdenden Nationen
1953, 28 Seiten, kartoniert, DM 2,50

HEFT 8
Prof. Dr. Werner Caskel, Köln
Die Bedeutung der Beduinen in der Geschichte der Araber
1954, 44 Seiten, kartoniert, DM 2,75

HEFT 9
Prälat Prof. Dr. Dr. h. c. Georg Schreiber, Münster
Irland im deutschen und abendländischen Sakralraum
in Vorbereitung

HEFT 10
Prof. Dr. Peter Rassow, Köln
Forschungen zur Reichsidee im 16. und 17. Jahrhundert
1955, 32 Seiten, kartoniert, DM 1,90

HEFT 11
Prof. Dr. Hans Erich Stier, Münster
Roms Aufstieg zur Weltherrschaft
in Vorbereitung

HEFT 12
Prof. D. Karl Heinrich Rengstorf, Münster
Mann und Frau im Urchristentum
Prof. Dr. Hermann Conrad, Bonn
Grundprobleme einer Reform des Familienrechts
1954, 106 Seiten, kartoniert, DM 6,—

HEFT 13
Prof. Dr. Max Braubach, Bonn
Der Weg zum 20. Juli 1944
1953, 48 Seiten, kartoniert, DM 3,25

HEFT 14
Prof. Dr. Paul Hübinger, Münster
Das deutsch-französische Verhältnis und seine mittelalterlichen Grundlagen
in Vorbereitung

HEFT 15
Prof. Dr. Franz Steinbach, Bonn
Der geschichtliche Weg des wirtschaftenden Menschen in die soziale Freiheit und politische Verantwortung
1954, 76 Seiten, kartoniert, DM 3,80

HEFT 16
Prof. Dr. Josef Koch, Köln
Die Ars coniecturalis des Nikolaus von Cues
in Vorbereitung

HEFT 17
Prof. Dr. James Conant, US-Hochkommissar für Deutschland
Staatsbürger und Wissenschaftler
Prof. D. Karl Heinrich Rengstorf, Münster
Antike und Christentum
1953, 48 Seiten, 2 Abb., kartoniert, DM 3,50

HEFT 18
Prof. Dr. Richard Alewyn, Köln
Klopstocks Publikum
in Vorbereitung

HEFT 19
Prof. Dr. Fritz Schalk, Köln
Das Lächerliche in der französischen Literatur des Ancien Régime
1954, 42 Seiten, kartoniert, DM 2,25

HEFT 20
Prof. Dr. Ludwig Raiser, Bad Godesberg
Rechtsfragen der Mitbestimmung
1954, 48 Seiten, kartoniert, DM 2,50

HEFT 21
Prof. D. Martin Noth, Bonn
Das Geschichtsverständnis der alttestamentlichen Apokalyptik
1953, 36 Seiten, kartoniert, DM 2,20

HEFT 22
Prof. Dr. Walter F. Schirmer, Bonn
Glück und Ende des Königs in Shakespeares Historien
1954, 32 Seiten, kartoniert, DM 1,60

HEFT 23
Prof. Dr. Günther Jachmann, Köln
Der homerische Schiffskatalog und die Ilias
in Vorbereitung

HEFT 24
Prof. Dr. Theodor Klauser, Bonn
Die römischen Petrustraditionen im Lichte der neuen Ausgrabungen unter der Peterskirche
in Vorbereitung

HEFT 25
Prof. Dr. Hans Peters, Köln
Die Gewaltentrennung in moderner Sicht
1955, 48 Seiten, kartoniert, DM 3,10

HEFT 26
Prof. Dr. Fritz Schalk, Köln
Calderon und die Mythologie
in Vorbereitung

HEFT 27
Prof. Dr. Josef Kroll, Köln
Vom Leben geflügelter Worte
in Vorbereitung

WESTDEUTSCHER VERLAG · KÖLN UND OPLADEN

HEFT 28
Prof. Dr. Thomas Ohm, Münster
Die Religionen in Asien
    1954, 50 Seiten, 4 Abb., kartoniert, DM 7,—

HEFT 29
Prof. Dr. Johann Leo Weisgerber, Bonn
Die Ordnung der Sprache im persönlichen und öffentlichen Leben
    1955, 64 Seiten, kartoniert, DM 3,50

HEFT 30
Prof. Dr. Werner Caskel, Köln
Entdeckungen in Arabien
    1954, 44 Seiten, kartoniert, DM 3,20

HEFT 31
Prof. Dr. Max Braubach, Bonn
Entstehung und Entwicklung der landesgeschichtlichen Bestrebungen und historischen Vereine im Rheinland
    1955, 32 Seiten, kartoniert, DM 2.20

HEFT 32
Prof. Dr. Fritz Schalk, Köln
Somnium und verwandte Wörter in den romanischen Sprachen
    1955, 48 Seiten, 3 Abb., kartoniert, DM 3,60

HEFT 33
Prof. Dr. Friedrich Dessauer, Frankfurt a. M.
Erbe und Zukunft des Abendlandes
    in Vorbereitung

HEFT 34
Prof. Dr. Thomas Ohm, Münster
Ruhe und Frömmigkeit
    1955, 128 Seiten, 30 Abb., kartoniert, DM 10,70

HEFT 35
Prof. Dr. Hermann Conrad, Bonn
Die mittelalterliche Besiedlung des deutschen Ostens und das Deutsche Recht
    1955, 40 Seiten, kartoniert, DM 2,80

HEFT 36
Prof. Dr. Hans Sckommodau, Köln
Die religiösen Dichtungen Margaretes von Navarra
    1955, 172 Seiten, kartoniert, DM 9,60

HEFT 37
Prof. Dr. Herbert von Einem, Bonn
Der Mainzer Kopf mit der Binde
    1955, 88 Seiten, 40 Abb., kartoniert, DM 9,20

HEFT 38
Prof. Dr. Joseph Höffner, Münster
Statik und Dynamik in der scholastischen Wirtschaftsethik
    1955, 48 Seiten, kartoniert, DM 2,85

HEFT 39
Prof. Dr. Fritz Schalk, Köln
Diderots Essai über Claudius und Nero
    in Vorbereitung

HEFT 40
Prof. Dr. Gerhard Kegel, Köln
Probleme des internationalen Enteignungs- und Währungsrechts
    in Vorbereitung

HEFT 41
Prof. Dr. Johann Leo Weisgerber, Bonn
Die Grenzen der Schrift — Der Kern der Rechtschreibreform
    1955, 72 Seiten, kartoniert, DM 4,80

HEFT 42
Prof. Dr. Richard Alewyn, Köln
Von der Empfindsamkeit zur Romantik
    in Vorbereitung

HEFT 43
Prof. Dr. Theodor Schieder, Köln
Die Probleme des Rapallo-Vertrages 1922
    in Vorbereitung

HEFT 44
Prof. Dr. Andreas Rumpf, Köln
Stilphasen der spätantiken Kunst
    in Vorbereitung

HEFT 45
Dr. Ulrich Luck, Münster
Kerygma und Tradition in der Hermeneutik Adolf Schlatters
    1955, 136 Seiten, kartoniert, DM 9,—

HEFT 46
Prof. Dr. Walther Holtzmann, Rom
Das Deutsche Historische Institut in Rom
Prof. Dr. Graf Wolff Metternich, Rom
Die Bibliotheca Hertziana und der Palazzo Zuccari
    1955, 68 Seiten, 7 Abb., kartoniert, DM 5,—

JAHRESFEIER 1955
Prof. Dr. Josef Pieper, Münster
Über den Philosophie-Begriff Platons
Prof. Dr. Walter Weizel, Bonn
Die Mathematik und die physikalische Realität
    1955, 62 Seiten, kartoniert, DM 4,40

HEFT 47
Prof. Dr. Harry Westermann, Münster
Person und Persönlichkeit im Zivilrecht
    in Vorbereitung

HEFT 48
Prof. Dr. Johann Leo Weisgerber, Bonn
Die Namen der Ubier
    in Vorbereitung

HEFT 49
Prof. Dr. Friedrich Karl Schumann, Münster
Mythos und Technik
    in Vorbereitung

HEFT 51
Prälat Prof. Dr. Dr. h. c. Georg Schreiber, Münster
Der Bergbau in Geschichte, Ethos und Sakralkultur
    in Vorbereitung

HEFT 52
Prof. Dr. Hans J. Wolff, Münster
Die Rechtsgestalt der Universität
    in Vorbereitung

HEFT 53
Prof. Dr. Heinrich Vogt, Bonn
Schadenersatzprobleme im Verhältnis von Haftungsgrund und Schaden
    in Vorbereitung

HEFT 54
Prof. Dr. Max Braubach, Bonn
Der Einmarsch der deutschen Truppen in die entmilitarisierte Zone am Rhein im März 1936. Ein Beitrag zur Vorgeschichte des zweiten Weltkrieges
    in Vorbereitung

HEFT 55
Prof. Dr. Herbert von Einem, Bonn
Die Menschwerdung Christi des Isenheimer Altars
    in Vorbereitung

HEFT 56
Prof. Dr. E. J. Cohn, London
Der englische Gerichtstag
    in Vorbereitung

WESTDEUTSCHER VERLAG · KÖLN UND OPLADEN

Berichtigung

Mit Wirkung vom 1. März 1956 wurden die Ladenpreise der natur- und geisteswissenschaftlichen Veröffentlichungen der Arbeitsgemeinschaft für Forschung des Landes Nordrhein-Westfalen um ca. 25 % ermäßigt.

If you have any concerns about our products,
you can contact us on
ProductSafety@springernature.com

In case Publisher is established outside the EU,
the EU authorized representative is:
Springer Nature Customer Service Center GmbH
Europaplatz 3, 69115 Heidelberg, Germany

Printed by Libri Plureos GmbH
in Hamburg, Germany